FARIA SAMRIN KHAN
DILIP ZATE
VAISHALI BASTEWAD

GESTÃO DAS PRAGAS DE INSECTOS EM BRINJAL

AF670667

FARIA SAMRIN KHAN
DILIP ZATE
VAISHALI BASTEWAD

GESTÃO DAS PRAGAS DE INSECTOS EM BRINJAL

-UM ESTUDO DE CASO

ScienciaScripts

Imprint
Any brand names and product names mentioned in this book are subject to trademark, brand or patent protection and are trademarks or registered trademarks of their respective holders. The use of brand names, product names, common names, trade names, product descriptions etc. even without a particular marking in this work is in no way to be construed to mean that such names may be regarded as unrestricted in respect of trademark and brand protection legislation and could thus be used by anyone.

Cover image: www.ingimage.com

This book is a translation from the original published under ISBN 978-3-330-32267-7.

Publisher:
Sciencia Scripts
is a trademark of
Dodo Books Indian Ocean Ltd. and OmniScriptum S.R.L publishing group

120 High Road, East Finchley, London, N2 9ED, United Kingdom
Str. Armeneasca 28/1, office 1, Chisinau MD-2012, Republic of Moldova, Europe
Managing Directors: Ieva Konstantinova, Victoria Ursu
info@omniscriptum.com

Printed at: see last page
ISBN: 978-620-8-52830-0

Copyright © FARIA SAMRIN KHAN, DILIP ZATE, VAISHALI BASTEWAD
Copyright © 2025 Dodo Books Indian Ocean Ltd. and OmniScriptum S.R.L publishing group

Conteúdo

RESUMO

Em "Management of insect pests in brinjal" (Gestão de pragas de insectos na couve-galega), foram realizadas investigações para estudar a dinâmica populacional das principais pragas de insectos da couve-galega e a sua correlação com os parâmetros meteorológicos, a avaliação das perdas devidas às principais pragas de insectos, o desempenho dos híbridos de couve-galega Bt e NBt durante a *colheita 20072008* e *2008-209, a* biologia e as tabelas de fecundidade de *L. orbonalis* em condições laboratoriais durante três gerações em 2008-2009 e a validação dos módulos IPM com economia e rácio CB em 2008-2009 e 2009-2010. Os principais resultados destes aspectos são resumidos a seguir. Os estudos revelaram a predominância de afídeos, moscas brancas e broca do rebento e do fruto do brinjal com uma correlação significativa e negativa com os parâmetros meteorológicos. As principais pragas de insectos, ou seja, pragas sugadoras e BSFB, causaram uma perda de rendimento de 59,01 por cento. *A* broca do rebento e do fruto da Brinjal, *L. orbonalis*, teve um ciclo de vida médio de 34,45 dias e exibiu um ritmo de 0,106 fêmeas/fêmeas/dia em três gerações. Todos os híbridos de NBt e brinjal não apresentaram variação significativa na incidência de pragas sugadoras. A infestação de frutos registada com base no número e no peso foi significativamente mais baixa nos híbridos de brinjal Bt, nomeadamente MHB 80 BT (3,85 por cento) e MHB9 Bt (3,13 por cento), respetivamente. O rendimento comercial mais elevado (470,92q/ha) e total (475,50 q/ha) foi registado pelo MHBJ 99Bt. O módulo previsto mostrou-se muito eficaz na gestão das principais pragas de insectos e proporcionou o maior rendimento e rácio CB (1:13,56). A população de inimigos naturais como a aranha, a crisopa e o besouro joaninha foi maior no módulo BIPM.

1 INTRODUÇÃO

A brinjal ou baingan (*Solanum melongena* Linnaeus), conhecida como planta do ovo e beringela na América do Norte e na Europa, respetivamente, é um legume importante na Índia. É originária da Índia e designada localmente por "Wangi" em Maharashtra, sendo frequentemente descrita como o legume dos pobres. Depois da batata, é o segundo legume mais consumido na Índia, juntamente com o tomate e a cebola.

Trata-se de uma importante cultura de rendimento para mais de 1,4 milhões de pequenos agricultores marginais e pobres em recursos. De uma produção mundial de 32 milhões de toneladas, a Índia produz 8 a 9 milhões de toneladas por ano, o que faz da Índia o segundo maior produtor de brinjal, a seguir à China. A produção total de beringela na Índia foi de 87,03 lakh toneladas, com uma produtividade de 16,4 t/ha em 2007-2008 (www.hortibizindia.org.in). Os principais Estados produtores de beringela incluem Bengala Ocidental (30 % da quota de produção), Orissa (20 %) e Gujarat e Bihar (cerca de 10 % cada). Apesar da sua popularidade entre os pequenos agricultores pobres em recursos, o cultivo de brinjal é frequentemente intensivo em termos de factores de produção, especialmente no que respeita às aplicações de insecticidas

O brinjal é uma boa fonte de hidratos de carbono, proteínas, vitamina A, B, C e minerais como o ferro, o fósforo e o cálcio. Tem também propriedades medicinais (Choudhari, 1967). Embora seja um vegetal perene, é cultivado como uma cultura sazonal em todo o país. A cultura é afetada pela mosca branca (*Bemisia tabaci* Gennadius), pulgão (*Aphis gossypii* Glover), jassídeo (*Amrasca biguttula biguttula* Ishida), tripes (*Thrips tabaci* Lindemann), besouro da epilachna (*Henosepilachna viginitioctopunctata* Fabrcius), ácaros (*Intranychus macfuslanii* Baker e Pricthaid) e broca do rebento e do fruto (*Leucinodes orbonalis* Guenee). De entre estas brocas, *a L. orbonalis* é grave em todo o país. Os danos causados pela broca começam no viveiro, antes da transplantação, e continuam até à colheita. Infesta os rebentos jovens, o que limita a capacidade das plantas de produzirem rebentos frutíferos saudáveis, reduzindo assim o rendimento potencial. Perfura os frutos, tornando-os não comercializáveis. Os frutos infestados apresentam frequentemente orifícios obstruídos com excrementos. Os danos nos rebentos e nos frutos podem atingir 70 por cento (Lal,1964). Os frutos danificados apresentam uma redução de 68% do ácido ascórbico (Hami 1995). As perdas globais devidas a pragas de insectos variam de 26,3 a 65,5 por cento (Gangwar e Sachan, 1981) com um máximo de 95,8 por cento (Akhtar e Khawja, 1973).

As populações de pragas de insectos são influenciadas por diferentes parâmetros climáticos. Uma vez que os componentes não vivos (abióticos) e vivos (bióticos) do ambiente interagem entre si, o resultado da interação é a dinâmica da população - o crescimento positivo ou negativo da população. Os factores abióticos, nomeadamente a precipitação, a temperatura, a humidade, os dias de chuva, a humidade do solo e a temperatura do solo, influenciam significativamente as populações de insectos-praga. Por conseguinte, a determinação do efeito de diferentes factores ambientais na incidência de pragas sugadoras e de brocas é essencial para a previsão de pragas na base de dados e para as estratégias de gestão.

É sempre difícil quantificar os danos causados pelos insectos e a perda final de rendimento. Diz-se frequentemente que a perda é função da densidade populacional dos insectos. O nível populacional crítico de uma praga depende do tipo de danos por ela causados. Geralmente, no caso da maior parte das pragas das culturas, quanto mais elevada for a população, mais graves serão os danos causados; mas no caso dos insectos vectores de doenças virais, mesmo uma população muito pequena será suficiente para causar grandes perdas de culturas. A perda pode ser interpretada quantitativamente em termos de rendimento em kg/ha (percevejo da orelha do arroz) ou qualitativamente em termos de frutos infestados e estragados (broca do rebento e do fruto da brinjal). Tendo isto em conta, foram efectuados estudos de avaliação de perdas em brinjal devido a pragas de insectos sugadores (efeito cumulativo) e BSFB (efeito qualitativo e quantitativo).

As tabelas de vida determinam os caracteres de crescimento populacional das pragas de insectos. Fornecem a taxa de multiplicação das espécies de pragas num determinado conjunto de condições climáticas, o que constitui uma base ecológica sólida para as práticas de gestão das pragas.

O cultivo de plantas resistentes a pragas tem sido útil (Gallun, 1972) na proteção das plantas. Os agricultores recorrem a aplicações frequentes de insecticidas e a medidas de controlo biológico para combater o ataque da BSFB. Contudo, uma vez que as larvas da BSFB estão escondidas nos rebentos e nos frutos, a praga escapa normalmente às pulverizações insecticidas. Por conseguinte, os agricultores tendem a aplicar mais pulverizações insecticidas. Para além dos custos financeiros associados às aplicações indiscriminadas de insecticidas e dos seus efeitos adversos no ambiente, os elevados níveis de resíduos de pesticidas nos produtos hortícolas e nos frutos representam frequentemente um risco grave para a saúde e a segurança dos consumidores.

Embora tenham sido feitas várias tentativas para desenvolver cultivares resistentes através do melhoramento tradicional, estas tiveram um êxito limitado ou quase nulo. Na Índia, não existem variedades de brinjal com resistência adequada à BSFB. Por conseguinte, os cientistas recorreram à biotecnologia para desenvolver uma variedade de brinjal que possa resistir ao ataque da BSFB. A tecnologia Bt é uma arma eficaz contra a BSFB. A brinjal Bt é o primeiro legume lançado comercialmente na Índia. Desde o seu desenvolvimento em 2000, a cultura foi objeto de uma avaliação científica rigorosa para avaliar a sua segurança alimentar, a segurança da saúde humana e animal e a biodiversidade. Entre as culturas bióticas, são populares as culturas Bt, como o algodão Bt e o milho Bt. As culturas Bt são incorporadas com um ou mais genes Bt modificados, originários de uma bactéria do solo natural, *Bacillus thuringiensis* kurstaki. Estas culturas foram desenvolvidas para fornecer métodos alternativos de controlo de pragas de insectos específicos. Em 1996-1997, foi desenvolvida a couve-brincadeira transgénica através do transplante da proteína cristalina inseticida Cry 1 Ac da bactéria do solo *B. thuringiensis* kurstaki, nos EUA (McLaren1998). Na Índia, a proteína cristalina inseticida de *Agrobacterium tumefaciens* foi transplantada com êxito para a couve-galega (Kumar *et al.*1998). Em Maharashtra, o brinjal *Bt* é cultivado à escala comercial pela Maharashtra Hybrid Seed Corporation (MAHYCO). No entanto, é necessário testar a sua reação contra o complexo de pragas sugadoras.

Com a descoberta dos insecticidas, todas as tácticas tradicionais de supressão de pragas tornaram-se obsoletas, mas a sua utilização indiscriminada resultou em problemas de resíduos, resistência e ressurgimento de pragas. A gestão integrada de pragas ultrapassa estes problemas com a morte prevista. Para validar os módulos de IPM em voga, será necessário definir os seus aspectos económicos.

Tendo em conta o que precede, as presentes investigações sobre a "Gestão dos insectos no Brinjal" foram realizadas com os seguintes objectivos definidos

1. Dinâmica populacional dos principais insectos-praga da brinjal em relação aos parâmetros meteorológicos
2. Avaliação das perdas de culturas causadas pelas principais pragas de insectos
3. Biologia e tabelas de fecundidade de *L. orbonalis* em condições de laboratório
4. Desempenho de híbridos de brinjal Bt e não Bt contra as principais pragas de insectos
5. Validação de módulos IPM em brinjal com economia

2 REVISÃO DA LITERATURA

A couve-brinjal, *Solanum melongena* Linnaeus, é uma das mais

A brinjal é um dos principais produtos hortícolas comuns e populares cultivados na Índia. A cultura é afetada por pragas sugadoras e principalmente pela broca do fruto do brinjal. Tendo em conta a importância de todas estas pragas, é necessário avaliar as práticas de gestão. Os relatórios pertinentes são analisados nas rubricas seguintes.

2.1 Dinâmica populacional dos principais insectos-praga da brinjal em relação aos parâmetros meteorológicos

2.2 Avaliação das perdas de culturas causadas pelas principais pragas de insectos

2.3 Biologia e tabelas de fecundidade de *L. orbonalis* em condições laboratoriais

2.4 Desempenho de híbridos de brinjal Bt e não Bt contra as principais pragas de insectos

2.5 Validação de módulos IPM em brinjal com economia

2.1 Dinâmica populacional dos principais insectos-praga da brinjal em relação aos parâmetros meteorológicos

Grewal (1998) estudou a flutuação sazonal dos coccinelídeos,

Epilachna viginitioctopunctata no Punjab e verificou que a temperatura, a humidade relativa e o alimento são factores importantes que determinam o seu número. A temperatura elevada e a baixa humidade relativa tiveram um efeito adverso na eclosão dos ovos, na viabilidade das larvas recém-eclodidas e na fecundidade. As larvas maduras e os adultos foram moderadamente afectados.

Shukla (1989) estudou a dinâmica populacional do piralídeo *L. orbonalis* e do cicadelídeo *A. biguttula biguttula* em brinjais em Meghalaya. A população de *L. orbonalis* começou a aumentar a partir da primeira semana de julho e atingiu o seu pico (50 larvas) durante a terceira semana de agosto. A população de *A biguttula biguttula* aumentou na primeira semana de junho e atingiu o máximo (64,28 cicadélidos) na última semana de agosto. A população foi positivamente correlacionada com a temperatura média, a humidade relativa média e a precipitação total.

De acordo com Patel e Jhala (1992), a população de mosca branca, *B. tabaci*, aumentou a partir de agosto e atingiu o máximo em dezembro e, depois disso, o número diminuiu gradualmente e o aleyrodídeo esteve ausente durante maio-julho. novembro e janeiro foram os meses mais favoráveis para a reprodução e sobrevivência da praga.

Rathanpara *et.al* (1994) referiram que a temperatura mínima, a temperatura média e a pressão de vapor estavam negativamente associadas ao aumento da população de *A. biguttula biguttula.* As horas de sol tiveram uma correlação positiva com o aumento do número.

Dhamdhere *et al.* (1995) observaram que as temperaturas médias mínimas e máximas de 27,3 e 28,2 °C, RH de 43,5 e 72,5 por cento e as horas de sol de 7,1 e 9,6 foram as mais favoráveis para o complexo de pragas durante a época *da colheita* e do verão em Gwalior. A temperatura moderada e a humidade elevada de 32,5 °C e 75 por cento de HR favoreceram a infestação da broca do rebento e do fruto da brinjal durante a época *da kharif.*

Sah *et al.* (1995) registaram um pico de população de BSFB na cultivar Long green (950/100 frutos) na primeira semana de novembro. A população de larvas mostrou uma correlação positiva com a temperatura máxima e mínima.

Veeravel e Bhaskaran (1995) realizaram ensaios de campo durante a estação das monções e do verão em Tamil Nadu, utilizando a variedade local Panluti de beringela em condições não pulverizadas, para determinar a ocorrência sequencial de pragas de insectos. Os resultados mostraram que a incidência precoce de afídeos e jassídeos em plântulas com 30 dias de idade favoreceu a ocorrência de insectos predadores, *nomeadamente* insectos tingídeos e coccinelídeos. A população máxima de pragas foi observada durante a fase vegetativa da cultura durante a monção. No verão, as pragas atingiram o máximo durante as fases de floração e de produção. Na senescência, a incidência de pragas foi mais baixa em ambas as estações.

A incidência sazonal de *L. orbonalis* em relação à data de plantação foi estudada em Orissa. A cultura plantada em setembro sofreu os maiores danos nos rebentos (4,53%), seguida da cultura plantada em fevereiro (4,48%). A cultura plantada em junho foi a menos afetada. O pico de infestação de rebentos foi registado de 15 a 21 de novembro. Os danos máximos nos frutos foram registados nas culturas plantadas em outubro (36,60%), seguidos da cultura plantada em novembro (32,20%). O pico de infestação de frutos foi registado de 13 a 19 de dezembro (Tripathi *et al.,* 1996).

Singh *et al.* (2000) relataram que *L. orbonalis* infestava 73,33% dos brotos superiores no final de agosto, atingindo um pico de 86,66% na terceira semana de setembro, com uma intensidade de 2,09/planta. No início da floração, a infestação da praga diminuiu continuamente nos rebentos até atingir o nível zero no final de outubro, mas nesta fase crítica a infestação da broca passou para as flores e frutos, que era de 33,33% no início de outubro e atingiu 66,66% no espaço de uma semana, tendo diminuído gradualmente nas colheitas seguintes com o advento da estação de inverno. A temperatura teve um papel positivo na multiplicação da praga e a humidade relativa teve uma resposta negativa.

Gour e Pareek (2002) estudaram o efeito de factores abióticos na população de pragas de insectos sugadores. Foi registada uma correlação positiva entre a temperatura máxima e a população de jassídeos e tripes. A humidade relativa teve um efeito significativo na população de afídeos. A temperatura mínima não teve efeito sobre nenhuma das pragas.

Shobharani (2003) referiu que a incidência de *L. orbonalis* em pototo durante a estação *kharif* foi notada na 4.ª semana após a plantação e, a partir daí, a percentagem de danos nos rebentos aumentou, atingindo o pico em setembro e diminuindo a partir daí. Durante a época *de rabi*, a incidência da praga começou na 5.ª semana após a plantação, atingindo o seu pico na 2.ªsemana de janeiro e diminuindo em seguida.

Os cientistas de Varanasi referiram que o período de abundância máxima (710 traças/armadilha) ocorreu entre 17 e 24 de setembro, 14 e 31 de outubro, 4 e 13 de novembro e 22 e 28 de novembro. O mês de outubro foi o período de maior atividade. Nos restantes meses, a população foi inferior a 10 traças por armadilha. Não foi observada qualquer correlação significativa entre os parâmetros meteorológicos e a atividade das traças. Os dados de Ludhiana indicaram que as capturas de adultos da broca do fruto e do rebento da brinjal/armadilha/semana foram máximas na $^{42^a}$ semana de outubro, com uma temperatura média de 24,5 °C e 59 % de humidade relativa. O segundo pico de adultos (0,45) foi registado na $^{45^a}$ semana padrão, a uma temperatura média de 21,7°C e 56% de humidade relativa. Existiu uma correlação negativa significativa (r = -0,49*) entre as capturas de traças machos e a humidade relativa. Foram observadas correlações negativas significativas (r = -0,33* e r = -0,42*) entre as capturas de traças machos e a precipitação (mm) e o número de dias de chuva. Foi registada uma correlação negativa significativa (r=-0,54) entre a infestação de frutos e a humidade relativa (HR) (Anonymous, 2004).

Anónimo (2004a) referiu que o escaravelho hadda, *Epilachna dodecastingma*, só aparecia durante as fases iniciais da beringela. Após a pulverização de NSKE a 5 por cento, a sua população diminuiu gradualmente no campo. A atividade do jassídeo, *A. biguttula biguttula*, foi observada desde a segunda semana de setembro até à terceira semana de dezembro. Depois disso, a sua população diminuiu gradualmente com a queda da temperatura. A atividade do pulgão, *Aphis gossypii*, foi observada da $^{2^a}$ semana de novembro à $^{3^a}$ semana de dezembro.

Krishna Kumar *et al.* (2004) estudaram a influência dos factores meteorológicos na broca do rebento e do fruto da brinjal e referiram que foi capturado um número relativamente mais elevado de traças durante março-abril. O número de traças capturadas mostrou uma correlação negativa significativa com a humidade relativa e a temperatura mínima. Foi observada uma correlação positiva entre as capturas das armadilhas e a evaporação.

Anónimo (2006) relatou a abundância de BSFB durante a $^{3^a}$ semana de outubro até ^{à} 2ª semana de novembro, com o seu pico na $^{1^a}$ semana de novembro (12 traças / captura).

Radhika e Reddy (2007) referiram que a incidência de afídeos começou a partir de 43rd MW e o pico de incidência em 50th MW. O pico de incidência de jassídeos foi registado na 40.a MW e o de tripes na $38.^a$MW. O pico da população de moscas brancas foi registado em 43rd MW.

A incidência de *A. gossypii* começou a partir da $31.^a$semana padrão e o pico de incidência foi registado na $44^{.a}$ semana padrão. A infestação de *A. bigguttula biguttula* começou a partir da $33.^a$semana padrão e continuou até à fase de crescimento reprodutivo tardio da cultura. O pico de atividade de *B. tabaci* foi observado na $44^{.a}$ semana padrão (Mohapatra, 2008).

Pawar *et al.* (2008) relataram que a incidência de afídeos foi observada a partir da $^{30^a}$ MW e depois aumentou até o final da estação. O pico da população de jassídeos (3,31/folha) foi registado na $^{41^a}$ MW e o ^{segundo} pico (3,11/folha) foi observado na $^{48^a}$ MW. A população mais elevada de tripes foi registada durante a $^{34^a}$ MW e o segundo pico foi registado na semana seguinte. A população diminuiu continuamente até 49th MW. A população de moscas brancas atingiu o seu pico (10,46/folha) durante a terceira semana de novembro.

Prasad *et al.* (2008) registaram que a incidência de afídeos variou significativamente da 33ª à 2ª semana padrão. O pico de incidência de *B. tabaci* foi registado entre a 45ª e a 48ª semana.

2.2 . Avaliação das perdas de culturas causadas pelos principais insectos pragas de brinjal

A revisão da literatura revelou que os relatórios sobre as perdas de brinjal são escassos. Nas páginas seguintes são citados alguns relatórios disponíveis, alguns dos quais descrevem a incidência das principais pragas de insectos e os danos. Os relatórios sobre a incidência e as perdas observadas em hospedeiros alternativos também foram incorporados.

Gambhiri e Kumar (1998) referiram que *L. orbonalis* causou perdas de 52 a 74% em brinjais.

Singh *et al.* (2000) registaram 21,63% de perdas aparentes devido à broca da fruta. As perdas totais foram de 48,30 por cento, repartidas por 45,90 por cento de perdas evitáveis e 2,40 por cento de perdas inevitáveis.

Singh *et al.* (2000a) referiram que as três brocas de lepidópteros, nomeadamente *H. armigera*, *L. orbonalis* e *Earias vittella*, causaram perdas de rendimento de 50,00 por cento no tomate e de 48,30 por cento na couve-galega.

Um trabalho de investigação efectuado em Varanasi constatou que a população de moscas brancas era menor nas parcelas com cultura de barreira quando pulverizadas com NSE 4 por cento, o que era igual ao NSE 4 por cento sozinho. Da mesma forma, a população de cigarrinhas foi menor nas parcelas em que o milho foi utilizado como cultura de barreira tratada com cipermetrina 0,01 por cento e endossulfão 0,07 por cento e foi igual à das parcelas tratadas apenas com NSE 4 por cento. A infestação da broca da fruta foi menor nas parcelas onde se pulverizou apenas NSE 4 por cento. O rendimento foi máximo nas parcelas tratadas com cipermetrina 0,01 por cento e NSE 4 por cento apenas (Anónimo, 2000a).

Krishna *et al.* (2001) revelaram uma infestação mínima de rebentos na cultivar Pusa Purple Long (9,57 por cento) seguida pela cultivar SM-17-4 (10,61 por cento). A infestação máxima de rebentos foi registada na cultivar H-12 (14,86 por cento). A infestação da broca do fruto foi máxima na cultivar Ramy Round Purple (39,5 a 42,82 por cento) com base no número de frutos, enquanto a infestação foi mínima na cultivar SM-202 (22,15 a 22,78 por cento).

De acordo com Suryawanshi *et al.* (2003), as perdas evitáveis em percentagem causadas pelos principais insectos pragas do quiabeiro na altura das plantas, número de folhas por planta, número de frutos por planta e produção de frutos comercializáveis em parcelas não protegidas foram de 43,23, 10,77, 27,23 e 58,87 por cento, respetivamente.

As perdas máximas evitáveis causadas pelas pragas do quiabeiro na altura das plantas, número de folhas/planta, área média das folhas e peso médio fresco das folhas/planta e produção de frutos comercializáveis foram de 15,5, 11,77, 4,59, 11,85 e 40,64 por cento, respetivamente (More, 2003).

Anónimo (2003a) relatou que a pulverização de cipermetrina proporcionou controlo (11,20%) da broca do fruto e um rendimento elevado (255,10 q/ha) seguido de cultura de barreira + corte de rebentos + pulverização de endosulfan @ 700 g a.i./ha (13,16% e 250,10 q/ha) infestação de broca do fruto e rendimento comparado com o controlo que deu 180,35 q/ha de rendimento e 25,12% de infestação de broca do fruto. Da mesma forma, o ensaio realizado em Varanasi com a aplicação no solo de bagaço de nim, corte de rebentos, cultura de barreira de milho e pulverização de NSKE (4 por cento) e cipermetrina separadamente e alternadamente em diferentes combinações; mostrou que a cipermetrina deu a máxima proteção contra a BSFB, menos danos nos frutos (33,90 por cento), o que foi estatisticamente igual à combinação de cultura de barreira, corte de rebentos, endossulfan e cipermetrina. O rendimento significativamente mais alto (167,50 q/ha) foi obtido na pulverização foliar de cipermetrina.

Chatterjee e Roy (2004) registaram uma menor infestação de rebentos e frutos (8,66%) em condições protegidas, em comparação com condições não protegidas (17,30%).

Eswara Reddy (2005) registou menos danos nos frutos da cultura de brinjal (12,89 por cento) protegida com carbaril 0,2 por cento, em comparação com a não tratada (22,85 por cento). Foi obtido um rendimento comercial significativamente mais elevado na cultura protegida (40,03 q/ha) em comparação com a não tratada (20,70 q/ha).

Kale *et al.* (2005) registaram uma população mais baixa de afídeos (5,8/folha), jassídeos (6,3/folha), moscas brancas (2,41/folha) em condições protegidas, em comparação com 20,40, 14,20 e 4,80, respetivamente, em condições protegidas no quiabeiro.

Mathur e Jain (2006) registaram uma menor infestação de rebentos (4,30 por cento) e de frutos (9,94 por cento) na cultura de brinjal protegida com carbaril 0,20 por cento em comparação com a não tratada, com 17,31 por cento de infestação de rebentos e 38,23 por cento de infestação de frutos. Foi obtido um rendimento significativamente mais elevado (205,75 q/ha) em condições protegidas em comparação com condições não protegidas (92,57 q/ha).

Jena *et al.*(2006) revelaram uma infestação mais baixa de rebentos de 3,65 por cento devido a *L. orbonalis*, mostrando uma redução de 62,37 por cento em relação ao controlo não tratado.

Naresh e Ameta (2006) observaram que a infestação da broca do fruto no quiabeiro causou uma redução de 8,92 e 15,69 por cento na altura da planta e no número de ramos efectivos, respetivamente. Também resultou numa redução de 49,30 por cento na produção de frutos comercializáveis, equivalente à perda de 77,78 q/ha devido a *L. orbonalis*.

Patel *et al.* (2006) registaram menos danos nos frutos devido a *L. orbonalis* em condições protegidas (12,89 por cento) em comparação com condições não protegidas (22,55 por cento). Foi obtido um rendimento comercial significativamente mais elevado (40,03 q/ha) em condições protegidas, em comparação com condições não protegidas (20,70 q/ha).

Mandal *et al.* (2006) observaram perdas de 31,00 por cento devido a pragas de insectos no quiabeiro.

Anónimo (2006) relatou danos nos frutos que atingiram 95% e perdas até 70% em plantações comerciais de brinjais.

Bairwa *et. al* (*2006*) registaram uma redução de 78,40 por cento na população de moscas brancas em condições protegidas e a perda evitável foi de 11,00 por cento devido às moscas brancas.

Nemade *et al.* (2007) registaram uma população mais baixa de afídeos (2,01/folha), jassídeos (2,07/folha) e moscas brancas (1,22/folha), respetivamente, em condições protegidas e 10,83, 9,31 e 4,72/folha em condições protegidas no quiabeiro.

Gupta *et al.* (2007) registaram uma população mais baixa de jassídeos (3,33 por três folhas) em condições protegidas, em comparação com condições não protegidas (11,00 jassídeos/três folhas). Do mesmo modo, os danos nos frutos causados por *L. orbonalis* foram menores (5,24%) em condições protegidas do que em condições não protegidas (17,68%).

Zanwar e Wadnerkar (2008) registaram uma população inferior de 2,95, 0,50 e 0,61 em condições protegidas, em comparação com 12,89 tripes, 2,12 afídeos e 1,72 jassídeos / folha, respetivamente, em condições não protegidas.

Bhavani *et al.* (2009) mostraram que cinco pulverizações de carbaril a 0,15 por cento espaçadas a 15 dias do início da floração registaram menos danos nos rebentos (19,94) e nos frutos (24,88) e maior rendimento comercial (243,78 q/ha) em comparação com o controlo não tratado que registou 30,10 por cento de danos nos rebentos, 49,20 por cento de danos nos frutos e 159,15 q/ha de rendimento comercial

2.3 Biologia e fecundidade tabelas de *L. orbonalis*

2.3.1 Biologia

2.3.1.1Período de incubação

O período de incubação foi observado como sendo de 3-5 dias (Patel e Basu, 1948 e Lande, 1976). O período de oviposição de *L. orbonalis* variou entre 3-4 dias (Saxena, 1965 e Allam *et al.* 1982), 4-5 dias (Mehto *et al.* 1983), 3-6 dias (Taley *et al,* 1984) e 5-7 dias (Suresh *et al.* 1996). De acordo com Singh e Singh (2003), Jat *et al. (2003),* (Bodkhe 2004), Satpathi *et al.* (2006), o período de incubação foi de 5, 4,30, 4,30 e 5 dias, respetivamente.

2.3.1.2 Período larvar

O período larvar variou de 7-13 dias (Patel e Basu, 1948). Lall e Ahmad (1965) revelaram que o período larvar de *L. orbonalis* foi de 21,14 e 16,85 dias a temperaturas que variaram entre 16,6 °C-29,0 °C, em janeiro, 26 °C-32 °C em maio e 24,30 °C-30,68 °C em outubro.

Os períodos larvares de 10,41, 11,29 e 14,5 dias foram registados a temperaturas variáveis de 29,74, 29,87 e 24,99 °C, respetivamente. Sob temperatura controlada de 33 + 2 °C, o período larvar de 8,18 dias foi registado por Rajmani, 1968.

O período larvar total é de 7-12 dias a uma temperatura constante de 26 +1°C com 60 por cento de humidade relativa (Mazumdar, 1970 e Lande, 1976).

Allam *et al.* (1982) referiram que o período larvar variava entre 8-16 dias. De acordo com Taley *et al.* (1984), o período larvar variou de 10 a 20 dias. A fase larvar durou 4,2-12 dias (Yin, 1993) e 15-27 dias (Suresh *et al.* 1996). Jat *et al.* (2003) registaram um período larvar de 12,83 dias. Segundo Singh e Singh (2003), o período larvar foi de 6,7 a 22 dias. O período larvar foi de 25,6 dias e 29 dias a 29,3 e 25,6 °C, respetivamente, (Satapati *et. al* 2006).

2.3.1.3 Período pupal

De acordo com Rajmani (1968), o período pré-pupal variou de 2-3 dias, com uma média de 2,18 dias a 29,91 ° C e 2,6 dias a 24,66 ° C. A temperaturas constantes de 33 + 1,5 °C, o período pré-pupal variou de 1-2 dias com uma média de 1,68 dias.

Haji e Ahmad (1965) relataram um período pupal de 7,80-11,50 dias com uma média de 8,8 dias Rajamani (1968) relatou que o período pupal em temperaturas variáveis de 22,94 °C, 28,65 °C, 29,2 °C e 24,60 °C foi de 7,92, 6,73, 6,96 e 8,00 dias, respetivamente e em temperaturas controladas de 33 + 2 °C foi de 6,07 dias. O período pupal foi observado como sendo de 7-11 dias (Mazumdar, 1970), 7-10 dias (Lande, 1976) e 6-17 dias (Atwal, 1976). Allam *et al.* (1982) relataram que o período pupal variou de 7-11 dias em condições de laboratório, com uma média de 9 dias. O período pupal durou 8-15 dias (Yin,1993) e 8-10 dias (Suresh *et al.* 1996). Singh e Singh (2003) relataram o período pupal mais curto de 9,65 a 12,05 dias em agosto à temperatura máxima de 27,45 °C, à temperatura mínima de 19,90 °C e à humidade relativa de 90 por cento e o mais longo em novembro com a temperatura média máxima de 21,95 °C, mínima de 11,90 °C e a humidade relativa de 86,75 por cento.

Jat *et al.* (2003) registaram um período pupal de 7-13 dias. O período pupal variou de 7-12 dias no verão e de 10-20 dias no inverno (Satapathi *et al.* 2006).

2.3.1.4 Ciclo de vida

O ciclo de vida total da praga demorou 26 dias a 26,0 °C a 34 °C e 58% de humidade relativa e 39 dias a 16,6 a 29,0 °C com 65% de humidade relativa (Lall e Ahmad 1965). Mazumdar (1970) registou um ciclo de vida médio de 25,65 dias a uma temperatura constante de 26,6 + 1 *oC* e 60 por cento de humidade relativa. Lande (1976) observou um ciclo de vida de 28 a 32 dias, com uma média de 25,17 dias. O ciclo de vida variou de 22 a 28 dias desde o ovo até ao adulto Suresh *et al.* (1996).

Os estudos de geração realizados por Singh e Singh (2003) revelaram que o ciclo de vida total de *L orbonalis* foi completado em 36,43, 35,15, 33,56, 30,66, 35,95, 48,18, 76,16 e 42,07 dias, respetivamente, em oito gerações num ano. De acordo com Bodkhe (2004), a duração média do ciclo de vida foi de 26,25 + 0,61 e 26,97 + 0,58 dias durante a primeira e a segunda geração, respetivamente.

2.3.2 Tabelas de fecundidade de vida

2.3.2.1 Período de pré-oviposição

O período de pré-oviposição de 3,1 a 2 e de 1,2 a 2,1 dias foi registado por Saxena (1965), Muzumdar (1970) e Mehto *et al.* (1983), respetivamente. O período médio de pré-oviposição de 1,1 a 1,2 dias a 17 °C a 27 °C e 87 por cento foi registado por Singh e Singh (2003).

2.3.2.2 Período de oviposição

O período de oviposição de *L. orbonalis* foi registado como sendo de 1 a 3 dias (Ali e Singhi, 1962), 4 dias (Saxena 1965), 1,4 a 2,9 dias (Mehto *et al.*1983) e 3 a 4 dias (Taley *et al.* 1984).

2.3.2.3 Fecundidade

A capacidade de postura de ovos de *L orbonalis* foi relatada como sendo de 94 a 267 (Patel e Basu, 1948) 5 a 244 (Ali e Singhi, 1962), 92,50 a 233 (Lall e Ahmad, 1965), 192 a 212 (Saxena, 1965) 78 a 252 (Muzumdar, 1970), 78 a 252 (Allam *et al.*, 1982), 84.8 a 253.5 (Mehto *et al.*, 1983), 150 a 215 (Taley *et al.*, 1984) 121.5 + 0.449 (Baang and Corey, 1991) 123 a 187 (Nwana, 1992), 200 (Yin, 1993), 83.51 a 248.49 (Singh and Singh 2003) ovos por fêmea.

2.3.2.4 Crescimento e estatísticas

Srinivasa e Sundarababu (1998) efectuaram estudos de tabela de vida sobre a broca do rebento e do fruto da brinjal em brinjal, tomate e batata. A capacidade inata de aumento (r_m) da praga foi de 0,1925, 0,1525 e 0,1395 com a taxa finita de aumento de 2,1, 1,16 e 1,15/fêmea/dia, respetivamente.

De acordo com Patil (2002), com base no valor rm de 0,173 de *L. orbonalis,* a contribuição de ovos, larvas, pupas e adultos foi de 67,02, 28,11, 4,10 e 0,77 por cento, respetivamente.

De acordo com Bodkhe (2004), a taxa líquida de reprodução (R_o) foi de 9,96 e 42,71 fêmeas por fêmea por geração na primeira e segunda geração, respetivamente. O tempo exato de geração (T), a taxa finita de aumento do número (λ) e a taxa intrínseca de aumento natural (r_m) na primeira e segunda geração foram 31,80 e 33,82 dias; 1,07 e 0,1110 fêmeas por fêmea por dia; 0,0700 e 1,12 fêmeas por fêmea por dia, respetivamente.

De acordo com Satapati *et al.* (2006), a taxa líquida de fecundidade (R_O) foi mais elevada no verão (9,42) do que no inverno (5,05). As tendências semelhantes da taxa líquida de reprodução (r_t) e da taxa intrínseca de aumento (r_m) foram 18,89 e 0,1059 no verão e 10,31 e 0,05222 no inverno, respetivamente. A taxa finita de aumento (λ) não foi afetada, mas o tempo médio de geração (T) aumentou abruptamente no inverno (31,023 dias) do que no verão (21-179). O inseto foi capaz de se multiplicar 2,10 vezes por semana no verão e 1,44 vezes no inverno, mas o tempo de duplicação da população ocorreu numa e duas semanas durante o verão e o inverno, respetivamente.

2.4 Desempenho de híbridos de brinjal Bt e não Bt

Os híbridos de Brinjal (MHB-11 Bt, MHB-39 Bt, MHB-112 Bt) desenvolvidos pela MAHYCO, juntamente com a sua contraparte não transgénica e dois controlos (híbrido Pusa e Navkiran) foram utilizados em onze centros para avaliar a sua reação à broca do rebento da Brinjal, às pragas sugadoras e aos caracteres que atribuem rendimento durante dois anos (Anónimo 2006a).

Os resultados do primeiro ano indicaram que a infestação média de rebentos das linhas transgénicas Bt foi de 4,21%, muito inferior à das linhas não transgénicas (33,38%) e das linhas de controlo (26,69%). No que diz respeito aos danos nos rebentos, independentemente das localizações, a brinjal transgénica Bt teve um melhor desempenho do que as cultivares não transgénicas e de controlo. Os transgénicos Bt também registaram 30-50% menos danos nos frutos em comparação com os não transgénicos e a linha de controlo. O nível médio de infestação em todos os centros indicou 22,93%, 45,2% e 41,67% de danos nos frutos em transgénicos, não transgénicos e linhas de controlo. Com base no rendimento médio de todos os centros, observou-se que o MHB-39 Bt tinha um potencial de rendimento máximo (245,99q/ha), enquanto o rendimento potencial dos transgénicos era de 223,39 q/ha, em comparação com 190,36q/ha no caso dos não transgénicos. O rendimento médio comercializável em todos os centros indicou que a brinjal transgénica Bt tinha mais 50 q/ha de rendimento do que a não transgénica e a linha de controlo. Os transgénicos Bt não tiveram qualquer impacto na suscetibilidade às pragas não visadas, em particular os jassídeos e a mosca branca.

O ensaio do segundo ano indicou que a infestação média geral de rebentos foi de 3,03% para MHB-9 Bt, seguida por MHB 4Bt (3,38%) e MHB-10 Bt (4,10%), em comparação com MHB 80 NBt (17,19%), que foi considerado o mais suscetível. A infestação média de rebentos nas linhas transgénicas Bt, não transgénicas e de controlo de brinjais foi de 5,18%, 17,58% e 16,88%, respetivamente. Em todos os centros, os híbridos de brinjal transgénicos Bt manifestaram uma menor infestação de frutos (13,50%) do que os não transgénicos (28,71%) e os de controlo (29,37%). Entre as linhas Bt, a infestação variou de 11,48% em MHB-10 Bt a 15,07% em MHB 4 Bt. O rendimento bruto médio em todos os centros mostrou que o MHB-80 Bt registou o maior rendimento (359,59 q/ha) seguido pelo MHB-9 Bt (334,50q/ha). O MHB-9 não Bt apresentou rendimento (177,10 q/ha). O rendimento médio comercializável dos híbridos transgénicos Bt foi muito mais elevado (231,69 q/ha) do que os não transgénicos (157,08q/ha) e o controlo (182,15q/ha). Não se verificou uma reação diferencial das cultivares Bt em relação às pragas sugadoras em comparação com as linhas não transgénicas e de controlo (Anonymous 2006a).

Gulale (2006) realizou uma experiência de campo durante a *kharif* 20052006 na quinta de horticultura, projeto de melhoramento de vegetais, MPKV, Rahuri, para estudar as interações de cultivares de brinjal Bt com *L. orbonalis*. Foram utilizadas três cultivares, nomeadamente MHB Bt 11, MHB Bt 39 e MHB Bt 112, juntamente com as cultivares não Bt correspondentes, com Pusa Hybrid 6 e Mohini como controlo de suscetibilidade. Os resultados indicaram que a percentagem de infestação de rebentos foi menor nas linhas Bt em comparação com as correspondentes não Bt e com o controlo de suscetibilidade. Os danos máximos foram observados na linha MHB-Bt 39

(25,97 e 28,81%) com base no número e no peso, em comparação com outras linhas Bt, linhas não Bt e controlo suscetível. A linha MHB Bt 112 registou uma infestação significativamente menor, tanto em número como em peso.

Kumar (2006) construiu um gene optimizado em termos de códão que codifica uma endotoxina delta (Cry/Fal) de Bt para a sua expressão na cultivar de brinjal Pusa purple long com o gene sintético sob o controlo de um potente promotor (CaMV 355). Foram efectuados testes de campo limitados de descendentes T1 e T2 em condições de contaminação. Foram identificadas linhas transgénicas com um nível muito elevado de proteção contra a BSFB. Os danos nos frutos das linhas transgénicas variaram de 4,7% em contraste com 35-43% nos frutos normais.

2.5 Validação de módulos IPM em Brinjal com economia

Venkatramireddy *et al.* (1993) estudaram a eficácia do éter de petróleo, extractos de *Eucalyptus globules, Calotropis gigantia, Pongamia glabra, Annona squamosa, Azadirachta indica* e *Lantana camara* contra a larva de *Henosepilachna viginitioctopunctata* em plantas de brinjal em estufa. Os extractos de neem e *squamosa* foram mais eficazes na redução da população larvar em 94,77 e 91,94 por cento, respetivamente. Seguiram-se os extractos de *L. camara, P. glabra, C. gigantia* e *E. globulus.*

Khorsheduzzaman *et al.* (1997) referiram que os frutos colhidos dos tratamentos com brinjal solteiro e brinjal-coriandro sem tratamento apresentavam uma infestação mais elevada do que os frutos colhidos de brinjal solteiro tratado com cipermetrina, de uma cultura intercalar de brinjal-coriandro e de uma cultura intercalar de brinjal-coriandro em linha dupla em ambas as estações.

Anonymous (1997) referiu que cinco pulverizações de cipermetrina @ 309 g a.i./ha ou ethofenprox @ 75 g a.i./ha com 15 dias de intervalo a partir dos 30 DAT proporcionaram o controlo mais eficaz e económico da cigarrinha e da broca do fruto.

Meleque *et al.* (1998) avaliaram o módulo mecânico (recolha manual de rebentos/frutos infestados) e químico (cipermetrina10 CE e/ou diazinão 30 CE) contra *L. orbonalis.* A relação custo-benefício (BCR) foi mais elevada nas parcelas tratadas com controlo mecânico + cipermetrina.

Sudhakar *et al.* (1998) relataram o efeito de fertilizantes e insecticidas em *L. orbonalis.* Entre os diferentes tratamentos, a infestação de rebentos e a percentagem de danos nos frutos foi menor na aplicação no solo de torta de nim @ 2 t/ha a par com vermicomposto @ 6,6 t/ha. Foi marcadamente superior ao método químico convencional mostrando 20,42 e 25,24 por cento de infestação média de rebentos e frutos, respetivamente e sofreu apenas 2 por cento de perda de rendimento em comparação com 50 e 45 por cento na gestão química e controlo não tratado, respetivamente.

Entre os diferentes produtos de nim, o óleo de nim 4 por cento registou menos danos nos frutos (9,07 por cento) e maior rendimento (24,48 t/ha) a par de NSKE 5 por cento (Raja *et al.* 1998).

O corte de rebentos de brinjal infestados seguido da aplicação de cipermetrina @ 50 g a.i./ha a 15 dias de intervalo após a primeira colheita foi eficaz na minimização da incidência da broca do rebento e do fruto para 25,27 por cento e deu um rendimento máximo de 31 t/ha de frutos de brinjal (Anónimo, 1998).

Sasikala *et al.* (1999) testaram um módulo que incluía 5 por cento de extrato de semente de nim (NSKE), óleo de nim (0,2 por cento), *Bacillus thuringiensis* var. (Bt) Kurstaki (0,15 por cento), lufenuron (0.02 por cento), carbaril (0,15 por cento) e suas combinações (exceto NSKE), remoção mecânica e destruição de rebentos e frutos infestados com larvas, libertação de parasitóides de ovos , *Trichogramma japonicum* Ashm. A destruição mecânica dos rebentos e frutos infestados com larvas e óleo de neem (0,2 por cento) e a libertação dos parasitóides de ovos, *T. japonicum* resultou num controlo muito bom da broca do rebento e do fruto, em comparação com o controlo. A percentagem respectiva de infestação de rebentos e danos nos frutos nestes tratamentos foi de 14,46, 20,24, 21,06, 23,35 e 23,36 e 28,00 vis-à-vis 52,60 e 52,55 por cento nas parcelas de controlo. As parcelas tratadas com óleo de neem (0,2 por cento), óleo de neem (0,1 por cento) + Bt (0,075 por cento), óleo de neem (0,1 por cento) + lufenuron (0,1 por cento) e óleo de neem (0,1 por cento) + carbaryl (0,075 por cento) deram maior produção de frutos (40,73, 33,80, 31,35 e 29,07 kg/parcela, respetivamente, em comparação com 17,5 kg/parcela obtidos nas parcelas de controlo.

Chakraborti (1999) avaliou a eficácia do módulo contendo seleção de sementes ousadas e tratamento com água salgada a 5 por cento, tratamento de sementes com 5 por cento EMC @ 3 g a.i./ha, aplicação de torta de nim fresca no viveiro @ 3 kg/m^2 na preparação da terra, NSKE @ 7 ml a.i./ha em um intervalo de 7 dias começando com 30 DAT, torta de nim fresca 5 gm/planta uma vez a cada 30 DAT, aplicação única de carbofuran @ 5 gm/planta em 30 dias após a semeadura, benzeno @ 1 ml a.i./planta uma vez em cada 30 dias, corte e destruição de rebentos e frutos infestados quinzenalmente e pesquisa e vigilância contínuas, o método químico que inclui o tratamento de sementes com EMC @ 3 g a.i./kg, aplicação de rotina de carbofurão @ 5 g/planta com um intervalo de 20 dias a partir dos 21 DAT e controlo sem tratamento. A abordagem integrada bioracional foi altamente eficaz, mostrando apenas 4,92 e 5,32% de infestação média de frutos, respetivamente.

Sangappa (1999) realizou uma experiência para testar os tratamentos ecológicos contra *L. orbonalis.* O NSKE 5 por cento registou menos danos nos frutos de 21,06 por cento e um rendimento mais elevado de 141,53 q/ha entre os tratamentos ecológicos, enquanto o carbaril registou 11,78 por cento de danos nos frutos com um rendimento de 163 q/ha.

Islam *et. al.,* (2000) registaram um CBR mais elevado de 1:37,77 na parcela IPM em comparação com o controlo químico (1:14,16) e o controlo não tratado.

O corte de rebentos infestados e a aplicação de cinco pulverizações de cipermetrina 25 EC @ 0,01 por cento com um intervalo de 15 dias a partir do aparecimento da infestação de rebentos foi eficaz no controlo da broca do rebento e do fruto da beringela (Anónimo, 2000).

A aplicação de torta de nim (250 kg/ha) quatro vezes durante o período de crescimento da cultura diminuiu a incidência da broca para 8% de 40% (sem tratamento) e o rendimento aumentou para quase 68% de 10,93 t/ha dando um rendimento adicional de Rs. 35.498/ha. O custo de produção de brinjal desceu para mais de metade, ou seja, de Rs. 4,80/kg para Rs. 2,23/kg (Murthy *et al.*, 2001).

Krishna *et al.* (2001) revelaram uma infestação mínima de rebentos na pusa Purple Long (9,57 por cento) seguida pela cultivar SM-17-4 (10,61 por cento). A infestação máxima de rebentos foi registada na cultivar H-12 (14,86 por cento). A infestação da broca do fruto foi máxima na cultivar Ramy Round Purple (39,5 a 42,82 por cento) com base no número de frutos, enquanto a infestação foi mínima na cultivar SM-202 (22,15 a 22,78 por cento).

Krishnamoorthy *et al.* (2001) relataram que a aplicação de bolo de neem e pongamia @ 250 kg por ha no plantio reduziu a incidência de brotos e brocas de frutas para 6-10 por cento como em comparação com 30-50 por cento em parcelas tratadas com inseticida.

Nos extractos de plantas, o óleo de pongâmia a 2 por cento registou menos danos nos frutos (11,40 por cento) e o rendimento mais elevado (39,66 q/ha), seguido do extrato de folhas de *Vitex negundo* L. (Eswarareddy e Srinivasa, 2001).

Rosaih (2001a) relatou a eficácia do óleo de neem a 0,5 por cento na redução da população de mosca branca e dos danos causados pela broca dos rebentos e dos frutos. Inimigos naturais como syrphids e aranhas em todos os tratamentos botânicos foram quase iguais ao controlo não tratado (1,87 aranhas e 2,70 syrphids/planta) em comparação com monocrotophos (0,41 aranhas e 1,66 syrphids /5plantas) revelando assim a segurança dos botânicos para inimigos naturais em comparação com insecticidas sintéticos.

Rosaih (2001b) observou que NSKE 5 por cento registou menos danos nos rebentos (15,61 por cento) e nos frutos (35,60 por cento) seguido por Neemazal 0,5 por cento com 16,1 por cento e 25,51 por cento de danos nos rebentos e nos frutos, respetivamente.

Chakraborti (2001) referiu que os tratamentos à base de neem, como a pulverização de óleo de neem e NSKE 5 por cento, eram mais seguros para os inimigos naturais e estavam ao mesmo nível que o controlo não tratado no ecossistema de brinjal.

Entre a população predadora no ecossistema do quiabeiro, as aranhas, os crisopídeos, *Apanteles* sp. e os coccinelídeos foram predominantes nas parcelas tratadas com insecticidas botânicos (Rosaiah, 2001b).

Naitam e Mali (2001) relataram que a azadiractina 0,5 lit/ha, monocrotofos 126 g a.i/ha foi mais eficaz contra a mosca branca. A infestação mínima de brocas foi registada no tratamento com 500 g *de B. thuringiensis* sub sp. kurstaki /ha + 126 g de monocrotofos, com uma elevada relação custo-benefício.

Foi registada uma menor incidência de mosca branca e de fungo de folha, menor infestação de rebentos e de frutos e pouca incidência de folhas no módulo que incluía imidacloprid @ 1 ml/lit durante 3 horas antes do transplante, corte de rebentos sempre que necessário e pulverizações de NSKE 4 por cento a partir do início da flor a intervalos quinzenais. A produção de frutos comercializáveis foi máxima na parcela tratada com lamda cyahalothrin seguida de NSKE 4 por cento (Anónimo, 2002b).

Kadam (2002) relatou que, com base na eficácia, o módulo IPM com imidaclopride na raiz das plântulas, cultura de barreira de milho, corte de rebentos em intervalos semanais e pulverizações de 4% de NSE foi eficaz contra pragas sugadoras e brocas de rebentos e frutos. No entanto, com base na relação custo-benefício, o módulo IPM com imidaclopride nas raízes das plântulas e pulverizações com 4% de NSE foi económico (1:37,99).

Krishna *et al.* (2002) relataram que a aplicação de forato no transplante de brinjal seguida de pulverização foliar de *B. thuringiensis* var kurstaki + carbaryl reduziu a infestação de brotos de 9,36 para 6,70%. A infestação de frutos por *L. orbonalis*, com base no número de frutos, foi mínima (8,71 a 9,83) nos tratamentos com forato no transplante seguido da aplicação combinada de *B. thuringiensis* + endosulfan e *B. thuringiensis* + carbaryl.

Puranik *et al.* (2002) avaliaram formulações de *B. thuringensis* (Bt) em comparação com neem e insecticidas químicos contra a broca do rebento e do fruto da brinjal. Entre os tratamentos diferentes, cinco pulverizações de Dipel SL @ 0,2 por cento registaram uma infestação mínima de rebentos (9,56 por cento) e frutos (11,78 por cento) e uma produção máxima de frutos comercializáveis (196,96 q/ha).

Godse e Patel (2003) relataram a menor infestação de broca de fruta na torta de neem @ 1.700 kg/ha (6,08 por cento) a par com vermicomposto @ 4000 kg por ha, dose dupla de K2O e meia dose de FYM + meia dose de fertilizante.

Singh (2003) constatou que a aplicação basal de torta de nim @ 20 q/ha + pulverização foliar de quinalfos 0,05 por cento foi eficaz na redução da infestação da broca da fruta (20,63 por cento) que aumentou o rendimento (82,59 q/ha) em comparação com o controlo (27,7 q/ha) a par com a pulverização foliar de óleo de nim 3 por cento + aplicação basal de torta de nim @ 20 q/ha.

O IIVR demonstrou pacotes de IPM baseados em feromonas sexuais em duas zonas de cultivo intensivo de brinjal, nomeadamente Bhopapur e Kanaksarai. Em Bhopapur, a média de danos nos frutos nas parcelas que praticam a proteção integrada foi de 33%, quase o dobro das parcelas que não praticam. Do mesmo modo, em Kanaksarai, os danos nos frutos das parcelas sujeitas a gestão integrada foram de 19%, em comparação com 40% de danos nas parcelas não sujeitas a gestão integrada (Anónimo, 2003).

Um grupo de cientistas do AICRP sobre legumes relatou que a pulverização de cipermetrina proporcionou o controlo (11,20%) da broca do fruto e um rendimento elevado (255,10 q/ha) seguido de cultura de barreira + corte de rebentos + pulverização de endosulfan @ 700 g a.i./ha (250,10q/ha de rendimento e 13,16% de infestação da broca do fruto) em comparação com o controlo que deu 180,35 q/ha de rendimento e 25,12% de infestação da broca do fruto. Da mesma forma, o ensaio foi conduzido em Varanasi com aplicação no solo de torta de nim, corte de rebentos, cultura de barreira de milho e pulverização de NSKE (4 por cento) e cipermetrina separadamente e alternadamente em diferentes combinações. Entre as pulverizações foliares, a cipermetrina deu a máxima proteção contra a BSFB e registou pelo menos 33,90 por cento de danos nos frutos, o que foi estatisticamente igual à combinação de cultura de barreira, corte de rebentos, endosulfan e cipermetrina. O rendimento significativamente mais alto 9167.50 q/ha foi obtido no tratamento com pulverização foliar de cipermetrina (Anónimo, 2003a).

Venkatesh *et al.* (2004) estudaram a influência da aplicação de cinco adubos originais, a saber, torta de nim, torta de pongâmia, torta de rícino (todas a 1,0 t/ha), esterco de curral e vermicomposto (10,0 t/ha) sozinhos e em combinação com fertilizante químico em *L. orbonalis,* mosca branca e funil de folha em brinjal. Entre os bolos, o bolo de neem foi o mais eficaz. Obteve-se um rendimento significativamente maior (40,3 q/ha) nas parcelas tratadas com torta de nim, seguido de vermicomposto e torta de mamona.

O desenvolvimento e a avaliação de módulos em brinjal indicaram que a criação de viveiros saudáveis usando a solarização do solo, o tratamento de sementes com *Trichoderma* e a aplicação de torta de nim no solo, a pulverização de extrato de semente de nim, a libertação de Trichogramma com base na monitorização de pragas e doenças e a aplicação de pesticidas com base em nim ajudaram a reduzir drasticamente as pragas e doenças e também a conservar os inimigos naturais (Anónimo 2004a).

Anónimo (2004b) observou que a aplicação de Bt (2,0 kg/ha) e a libertação do parasitoide de ovos, *Trichogramma* sp @ 5lakh /ha foi eficaz. Entre as iscas comerciais, os septos de feromônio de borracha da bio pest management capturaram o maior número de insetos (71 mariposas) seguido por P.I. Margo Plastic Vial (64 mariposas), septos de plástico da bio pest management (45 mariposas) e septos de borracha da PCI (35 mariposas).

Cinco módulos, ou seja, 1-(remoção dos rebentos afectados, aplicação de spinosad 45 EC @ 0,01 por cento F.B. Btk @ 1000 g/ha F.B., cloridrato de cartap 50 SP @ 0,1 por cento), Módulo 2 Spinosad 45 EC @ 0,01 por cento, cultura de barreira F.B., agente quelante Fe-EDTA @ 0,5 por cento F.B., cloridrato de cartap 50 SP @ 0,1 por cento), Módulo -3 (Spinosad 45 EC @ 0,01 por cento F.B.) agente quelante Fe-EDTA @ 0,05 por cento F.B. alho + extrato de crisântemo @ 1por cento) F.B. cloridrato de cartap 50 SP @ 0,1 por cento, Módulo 4- (Spinosad 45 EC @ 0.01 por cento F.B *Metarrhyzium anisoplae* @ 2,5 kg/ha F.B. agente quelante Fe-EDTA @ 0,5 por cento F.B. cloridrato de cartap 50 SP @ 0,1 por cento), Módulo 5- (Cultivo intercalar com coentro alho + crisântemo 1 por cento F.B. agente quelante Fe-EDTA @
0,5 por cento F.B. endosulfan 35 EC @ 0,05 por cento) F.B monocrotophos 36 WSC @ 0,05 por cento F.B cypermethrin 25 EC @ 0,006 por cento) foram avaliados contra a broca do rebento e do fruto da brinjal, *L. arbonalis* Guen. O módulo 4 foi o que registou menos danos nos rebentos e nos frutos e teve um rendimento superior aos outros módulos (Suradkar 2004).

Bhosale (2004) considerou a sequência Td-NSE-BT-TC-NSE a mais promissora, seguida de Td-Vl-NSE-Bt-TC e TD-Imid-NSK-Bt-TC, IPM contra pragas de brinjal.

Estes tratamentos registaram 1,53 a 5,45 jassídeos, 2,20 a 9,37 pulgões, 1,02 a 4,81 mosca branca por três folhas, 13,11-15,48 por cento de danos nos frutos, 9,67 a 13,33 coccinelídeos/parcela, 4,17-8,32 parasitóides/50 frutos infestados e Rs. 50 820 a 63245/- lucro líquido/ha contra os valores correspondentes de 1,78, 4,15, 1,22, 13,63 por cento, 6,33, 1,68 Rs. 59.770/- na sequência química e 10,29, 16,89, 5,81, 28,95 por cento, 18,67 predadores, 10,00, Rs 10.490/-, parasita no controlo não tratado, respetivamente.

Anónimo (2005a) relatou que o corte dos rebentos danificados seguido da libertação do parasitoide de ovos, *Trichogramma chilonis* @ 50000/semana a partir dos rebentos danificados, combinado com duas pulverizações de dipel (a intervalos semanais) no pico da floração reduziu a infestação da broca.

A tecnologia IPM para a cultura do brinjal inclui a criação de viveiros saudáveis, utilizando a solarização do solo e a mistura de *Trichoderma* com FYM; aplicação de torta de neem @ 250 kg/ha a 30 DAT, construção de poleiros de pássaros @ 10 por acre, instalação de armadilhas delta, coleta e destruição de brotos e frutos afetados pela broca, desbaste periódico de plantas danificadas pela doença, duas pulverizações de NSKE @ 5 por cento, cinco liberações de parasita de ovos, *Trichogramma brasiliensis* e 1-2 pulverizações intermitentes de pesticidas químicos na cultura principal foram muito eficazes na redução da incidência de pragas e na minimização das perdas de rendimento. Um grande acúmulo de inimigos naturais, *como* coccinelídeos, Chrysoperla e aranhas predadoras, foi observado nas parcelas de MIP (Anônimo 2005b).

Anonymous (2005c) revelou que a libertação de parasitóides de ovos *Trichogramma chilonis* @ 5 lakh/ha em intervalos semanais a partir do início da floração, colocando trichocards, reduziu significativamente a infestação da broca (9,92 por cento) em comparação com o controlo (41,79 por cento). A pulverização de *Bacillus thuringiensis* dipel @ 750 ml e 1000 ml/ha em intervalos de 10 dias a partir do início da floração reduziu significativamente a infestação da broca do fruto (15,27 e 13,66 por cento, respetivamente) em comparação com o controlo (26,42 por cento)

A incidência percentual da broca do fruto foi mais baixa (19,21) no módulo que incluía armadilha em massa através de funil de plástico iscado com feromona sexual + corte de rebentos com um intervalo semanal a partir dos 20 DAT + NSKE 4 por cento, 4 pulverizações com um intervalo de 15 dias a partir da floração, a par da armadilha em massa através de funil de plástico iscado com feromona sexual + corte de rebentos + NSKE 4 por cento e profenofos @ 800 g a.i/ha i.e. 2 ml/lit (19,57) (Anónimo 2006).

Estudos sobre o efeito de emendas orgânicas e produtos indígenas na broca do rebento e do fruto da brinjal revelaram que a aplicação no solo de bolo de neem @ 0,5 t/ha + 50 por cento RDF seguido de pulverização foliar de 5 por cento de extrato de semente de neem NSKE 30 por cento vermiwash (VW) - 30 por cento extrato de alho chilli (GCE) - 20 por cento sprays botânicos fermentados (FBS) foi mais eficaz na redução da infestação da broca do rebento (15.64 por cento) a par com vermicomposto 1 t/ha + 50 por cento RDF - 50 por cento RDF- 5 por cento NSKE - 30 VW-3 por cento GCE-

20 por cento FBS (17,79 por cento), bolo de neem 0.5 t/ha + 50 por cento RDF - 50 NSKE - 20 por cento urina de vaca (CU)- 3 por cento extrato de alho (GE)-2 por cento panchagavya (PG) (18.25 por cento); e vermicomposto У2 t /ha + bolo de neem У2 t/ha + 50 RDF - 5 por cento NSKE 3 por cento - por cento GCE- 20 FBS (18.65 por cento) (Pareet 2006).

Sardana *et al.* (2006) avaliaram cinco módulos de cultura diferentes: módulo 1 - biointensivo, módulo 2 - cultural, mecânico, biointensivo, módulo 3 - cultural, mecânico, biointensivo, químico, módulo 4 - prática dos agricultores, módulo 5 e controlo sem tratamento, para determinar a sua eficácia comparativa contra os principais insectos nocivos e doenças das plantas de ovos. Uma população significativamente mais elevada de coccinelídeos, aranhas predadoras, esteve presente durante toda a época de cultivo, de setembro a meados de março. No entanto, *a Chrysoperla carnea* apareceu de setembro a meados de dezembro. Como resultado dos componentes do IPM, a utilização de pesticidas foi reduzida de 5-6 pulverizações para apenas 1-2 pulverizações, promovendo a acumulação de inimigos naturais e a consequente redução da carga de pragas.

A estirpe Bt autóctone (DOR-Bt-5) desenvolvida pela DOR, Hyderabad, a formulação de neem (AZ-10000 ppm) e o cloridrato de cartap (CH) foram avaliados individualmente e em diferentes combinações contra a BSFB na cultivar de brinjal, Punjab Sadabahar. Os tratamentos tiveram um efeito significativo na redução dos danos causados aos frutos por *L. orbonalis*. Durante o período de pico de infestação, registaram-se danos de frutos significativamente mais baixos (24,96%) na parcela tratada com CH (500 g a.i./ha). Os danos no tratamento de CH com DOR-BT (37,82%), formulação de nim (38,66%) e DOR Bt exclusivamente (38,20%), foram iguais. O nível médio de infestação também indicou a superioridade do CH com menos (20,07%) danos aos frutos. Outros tratamentos com comparativamente menos danos aos frutos foram CH+ neem (25,60%), CH+DOR-Bt-5 (26,08%) e DOR Bt - 5 (26,91). Um dano de frutos de 45,74% foi observado na parcela de controlo (Anonymous, 2007).

A armadilhagem em massa suplementada com pulverização de neem e corte registou um rendimento protegido mais elevado (55,29q/ha), rendimento adicional (Rs.8090) e a relação custo: benefício foi (1:1,4). Singh *et al.* (2008)

Bhavani *et al.* (2009) avaliaram e desenvolveram um módulo de Manejo Integrado de Pragas contra a broca do broto e do fruto da brinjal. O módulo de MIP inclui o corte de brotos em intervalos semanais + aplicação de carbosulfan 3 G @ 5 gm/planta 30 dias após o transplante + pulverização de profenophos 50 EC @ 0.1 por cento a partir da iniciação da flor por 3 vezes com 15 dias de intervalo registou significativamente menos infestação de rebentos (13,24) e frutos (20,65 por cento) e maior rendimento de frutos (260,15 q/ha) registando um aumento de 63,46 por cento em relação ao controlo seguido de corte de rebentos + pulverização de carbaril 50 WP @ 3 g/litro a partir de 20 DAT com 15 dias de intervalo por 5 vezes com danos nos rebentos e frutos e rendimento de 16,16%, 20,89% e 259,19 g/ha, respetivamente.

Gopal *et al.* (2009) verificaram que o indoxacarbe era eficaz contra a BSFB, enquanto o tiaclopride não era eficaz e apresentava níveis de resíduos inferiores. O metilparatião foi eficaz, mas considerado tóxico. Entre os biopesticidas, a formulação PUSA Bt de WDP à base de Bt foi significativamente mais eficaz do que o Biolep ™ comercial.

3 MATERIAL E MÉTODOS

Foram realizadas experiências de campo durante a *colheita de* 2007-2008, 2008-2009 e 2009-2010 para estudar a "Gestão de pragas de insectos em brinjal".

Os materiais utilizados e os métodos adoptados no decurso dos trabalhos são descritos nos pontos seguintes.

2.6 Material experimental

2.7 Sítio experimental

2.8 Práticas agronómicas

2.9 Detalhes experimentais

2.10 Análise estatística

2.11 Material experimental

Informações pormenorizadas sobre os materiais e factores de produção utilizados na realização das actividades de campo e de

As experiências de laboratório são apresentadas no quadro 1.

Tabela 1. Material experimental utilizado

Experiência de campo	Experiência laboratorial
Par de novilhos	Recipientes de plástico (5 x 5 cm)
Sementes de brinjal, feijão-frade e milho	Gaiolas de oviposição (19 x 21 cm), papel de filtro, escova de pelo de camelo
Etiquetas	Cotonetes de algodão
Linha	Mel
Paus	Placas de Petri
Armadilhas adesivas amarelas	Tecido de musselina
Sacos de polietileno	
Insecticidas	
Cilindro de medição	
Pulverizador de dorso	
Baldes	
Sacos de artilharia	
Balança de pesagem	
Trichocard	
Alfaias agrícolas	
Fertilizantes	

3.2 Sítio experimental

As experiências de campo foram realizadas durante a *colheita de* 2007-2008 e 2008-2009 e 2009-2010 na quinta experimental, Departamento de Horticultura, Universidade Agrícola de Marathwada, Parbhani (Maharashtra), num solo de algodão preto típico bem drenado.

3.3 Práticas agronómicas

As operações de lavoura necessárias foram efectuadas de acordo com o pacote recomendado pela Universidade Agrícola de Marathwada, Parbhani. As experiências de campo foram dispostas de acordo com o plano apresentado na (Fig.1, 2, 3 e 4).

3.3.1 Semeadura

A sementeira foi efectuada em canteiros elevados, utilizando as sementes de brinjal da variedade Pune kateri. Para a experiência de campo, para além dos híbridos de brinjal Bt, foram utilizadas as plântulas de híbridos de brinjal Bt e NBt fornecidas pela MAHYCO Jalna para testar o seu desempenho contra os principais insectos nocivos da brinjal. A rega e a monda regulares foram efectuadas até à transplantação das plântulas.

3.3.2 Transplantação de plântulas

Plântulas uniformes e saudáveis foram transplantadas no campo principal durante o *Kharif* 2007-2008, 2008-2009 e 2009-2010, de acordo com o esquema representado na Fig. 1, 2, 3 e 4. Após oito dias de transplante, o preenchimento de lacunas foi realizado com mudas saudáveis para manter a população ideal de plantas.

3.3.3 Aplicação de fertilizantes

Foram aplicadas cinco toneladas de FYM e 100:50:50 kg NPK/ha. Metade da dose de nitrogénio e a dose completa de fósforo e potássio foram dadas no momento do transplante. A dose restante de azoto foi aplicada um mês após a transplantação. Os fertilizantes foram aplicados por método de anel na forma de ureia, superfosfato simples e muriato de potássio.

3.3.4 Operações interculturais

Foram efectuadas quatro mondas e sachas, consoante as necessidades, durante a época de cultivo, para remover as ervas daninhas e melhorar o arejamento do solo.

3.3.5 Irrigação

A irrigação foi efectuada imediatamente após a transplantação e a segunda irrigação ligeira, no 3º dia da transplantação. Depois disso, a irrigação foi efectuada de acordo com as necessidades.

3.4 Detalhes experimentais

Os pormenores das experiências realizadas e os métodos de observação adoptados são os seguintes

3.4.1 Dinâmica da população

A experiência foi realizada numa parcela não protegida (9,90 x 9,00 m), dividida em quatro quadrantes, de acordo com os seguintes pormenores

Conceção	Não reproduzido 9,90 x 9,00 m 8,10 x
Dimensão bruta da parcela	7,80 m 90 x 60 cm Pune kateri
Dimensão líquida da parcela	
Espaçamento	
Variedades :	
Época	*Kharif* 2007-2008 e 2008-09.
Data de sementeira	13-6-2007 10-6-2008
Data da transplantação	12-7-2007

14-7-2008

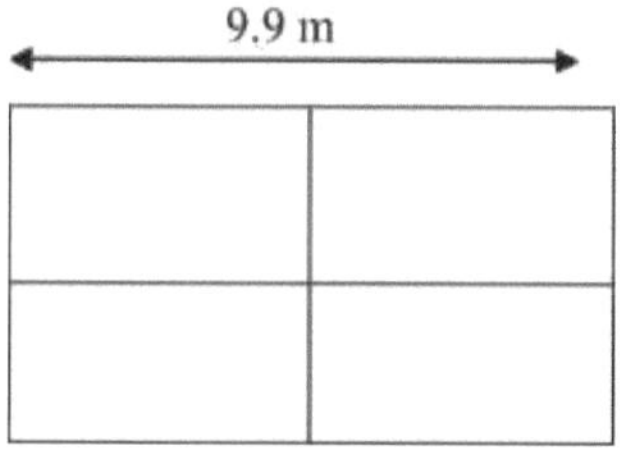

Fig. 1. Planta da disposição

3.4.1.1 Amostragem e recolha de dados experimentais

Foram selecionadas aleatoriamente cinco plantas por quadrante para registar as observações a intervalos semanais.

a) População do complexo de pragas sugadoras e do escaravelho epilachna

A população de afídeos, jassídeos, tripes e moscas brancas foi registada a intervalos semanais em três folhas selecionadas da copa superior, média e inferior da planta, a partir dos dez dias de transplante e até à colheita. Da mesma forma, a população de besouros epilachna por planta foi registada em cinco plantas selecionadas ao acaso.

b) População da broca do rebento e do fruto da brinjal (BSFB)

O número total de larvas de BSFB por planta foi registado em cinco plantas selecionadas aleatoriamente a partir dos dez dias de transplante e continuou até à colheita.

c) Relação entre os parâmetros meteorológicos e os principais insectos-praga da brinjal

Os dados meteorológicos semanais para a *Kharif 2007-2008* e 2008-09 foram obtidos do Observatório Meteorológico, Universidade Agrícola de Marathwada, Parbhani (apêndice I) e comparados com os dados registados sobre a incidência de pragas de insectos. Subsequentemente, foram determinadas as correlações e regressões.

3.4.2 Avaliação das perdas de culturas causadas pelas principais pragas de insectos de brinjal

Os pormenores da experiência são apresentados a seguir.

Conceção	Desenho de parcelas emparelhadas
N.º de tratamentos	Dois (2)
N.º de repetições Dimensão	Catorze (14)
bruta da parcela Dimensão	5,4 x 6,0 m
líquida da parcela	3,6 x 4,8 m
Espaçamento	90 x 60 cm

Placa 1. Complexo de insectos-praga da brinjal

Variedade Pune kateri
Época Kharif 2007-2008, 2008-09.
Data de sementeira 13-06-2007
10-06-2008
Data da transplantação : 12-07-2007
14-07-2008
Detalhes do tratamento : Ti - Estado protegido
T2 - Condição desprotegida
T1-Condição de proteção

1. Tratamento de sementes com tiametoxame 70 WS 5gm/kg
2. Dimetoato 30 EC @ 500 ml/ha
3. Carbaril 50 WP 2 kg/ha

T2-Condição não protegida

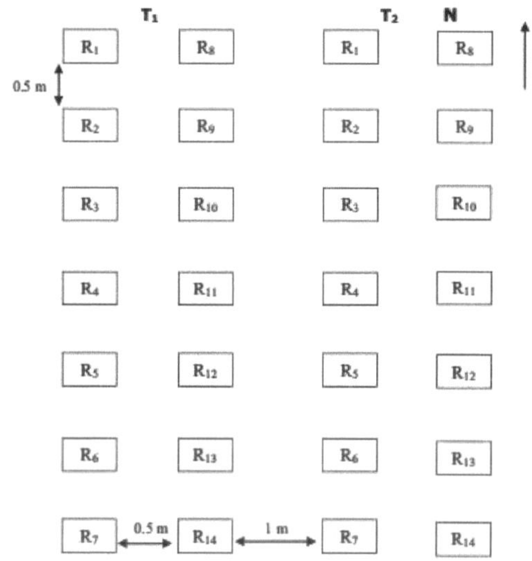

Fig. 2. Planta da disposição

3.4.2.1 Aplicação de insecticidas

As doses prescritas de insecticidas foram aplicadas quando as pragas sugadoras e a BSFB ultrapassaram os seus ETLs. Seis pulverizações com dimetoato 30 EC @ 500 ml/ha. para o complexo de sugadores e cinco pulverizações com carbaril 50 WP @ 2 kg /ha para BSFB foram dadas na *Kharif* 2007-2008 e 2008-2009. ETL dos principais insectos

Os parasitas da couve-brincadeira são indicados a seguir.

Pulgões	: 10 pulgões / folha
Jassídeos	: 02 ninfas / folha
Moscas brancas	: 05 adultos/folha
Tripes	: 05 adultos/folha
Escaravelho Epilachna	: Não trabalhado
Danos por disparo (BSFB)	:05 por cento
Danos nos frutos (BSFB)	:10 por cento

3.4.2.2 Método de registo das observações

Foram selecionadas aleatoriamente cinco plantas de uma parcela protegida e de uma parcela não protegida para registar observações semanais, que foram iniciadas após o cruzamento do ETL das principais pragas de insectos. Para determinar o ETL, foram efectuadas observações semanais sobre a incidência das principais pragas de insectos.

a) População do complexo sugador e do besouro epilachna

A população do complexo sugador e do escaravelho epilachna foi registada de acordo com o método descrito no ponto 3.4.1.1

b) Broca do rebento e do fruto

i) Danos por disparo :

A intervalos semanais, o número total de rebentos e os rebentos infestados foram registados em cinco plantas selecionadas aleatoriamente para determinar os danos causados pela broca.

ii) Danos nos frutos:

Foram registadas observações semanais do número total de frutos e dos frutos infestados em cinco plantas selecionadas aleatoriamente por parcela para determinar os danos nos frutos com base no peso.

c) Rendimento

Foram colhidos frutos saudáveis e comercializáveis por parcela, em cada colheita, até à colheita. Os dados relativos ao rendimento foram calculados com base no hectare.

3.4.2.3 Avaliação das perdas

Foi utilizada uma técnica de parcelas emparelhadas sugerida por Leclerg (1971). O rendimento das parcelas tratadas e não tratadas foi registado e as perdas foram determinadas pela fórmula (Pradhan, 1963),

$$\text{Perdas em percentagem} = \frac{[\text{Rendimento nas parcelas tratadas}] - [\text{rendimento nas parcelas não tratadas}]}{\text{Rendimento nas parcelas tratadas}} \times 100$$

3.4.3 Biologia e tabelas de fecundidade de *L. orbonalis* em brinjal 3.4.3.1 Criação do inseto

A cultura laboratorial de *L. orbonalis* foi iniciada através da recolha de frutos de beringela infestados no campo. As larvas foram criadas individualmente em recipientes de plástico de 5 x 5 cm, fornecendo-lhes pedaços frescos de frutos de beringela diariamente de manhã, até à pupação.

As traças recém-emergidas, machos e fêmeas, foram colocadas em gaiolas de oviposição (frascos de plástico com 19 cm de altura e 21 cm de diâmetro). Os ramos tenros de brinjal com folhas suculentas foram colocados num pequeno frasco cónico contendo água, que serviu de substrato para a oviposição.

Os cotonetes embebidos em mel a cinco por cento foram colocados num petrídeo no fundo da gaiola para servirem de alimento às traças emergentes. A gaiola foi coberta com musselina. Os ovos acabados de pôr assim obtidos foram utilizados para investigações laboratoriais. A cultura foi mantida em condições de temperatura ambiente.

3.4.3.2 Biologia de *L. orbonalis* em brinjais

Para o efeito, cem ovos acabados de pôr, mantidos em cinco placas de Petri contendo cada uma 20 ovos, constituíram uma repetição. Os ovos foram humedecidos com papel de filtro para induzir a eclosão. Foram registadas as observações sobre a percentagem de eclosão e o período de incubação. Posteriormente, os ovos recém-eclodidos

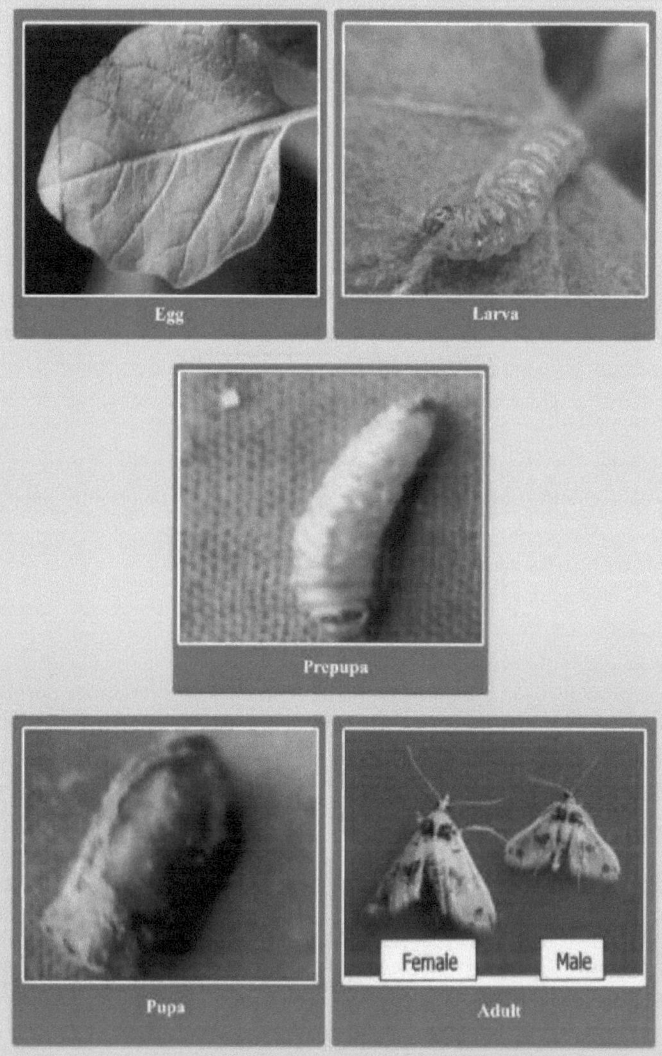

Plate 2. Life stages of *L. orbonalis*

As larvas foram criadas individualmente em caixas de plástico, em pequenos pedaços de beringela, todos os dias até à pupação. Foram registadas as observações sobre a duração da larva, a percentagem de larvas pupadas, o índice de crescimento, a duração da pupa e a emergência bem sucedida de adultos. Os adultos que emergiram no mesmo dia foram emparelhados e libertados para a postura de ovos numa gaiola de oviposição. Foi-lhes fornecida uma solução de mel a cinco por cento como alimento. Os ovos postos por fêmea foram contados diariamente até ao fim da oviposição. O índice de crescimento foi calculado utilizando a fórmula,

$$\text{Índice de crescimento} = \frac{\text{Por cento de larvas pupadas}}{\text{Duração média das larvas}}$$

3.4.3.3 Tabelas de fecundidade vitalícia de *L. orbonalis* em brinjal

As tabelas de fecundidade de *L. orbonalis* em brinjal foram construídas através do estudo de 100 ovos num grupo de 20 cada. Os ovos em papel branco foram humedecidos em placas de Petri para facilitar a eclosão. Logo após a eclosão, todas as larvas foram criadas individualmente em pequenos pedaços de frutos de brinjal, diariamente. Foram efectuadas observações diárias sobre a eclosão, o desenvolvimento larvar e pupal, a emergência bem sucedida de adultos, a fecundidade e a mortalidade específica por idade dos ovos, larvas, pupas e adultos. Os adultos que emergiram no mesmo dia foram transferidos para uma gaiola separada para determinar a fecundidade específica da idade. De acordo com Southwood (1968), os nascimentos de fêmeas (m_x) foram calculados dividindo os ovos postos por fêmea, considerando a relação sexual 1:1. As tabelas de fecundidade em condições laboratoriais foram construídas utilizando os seguintes títulos de colunas propostos por Birch (1948), elaborados por Howe (1953) e Atwal e Bains (1974).

x = Idade de referência em dias

l_x = Sobrevivência das fêmeas à idade x

m_x = Calendário etário para o parto feminino idade "x

3.4.3.4Taxa líquida de reprodução (R0)

A soma dos produtos '$l_x m_x$' é a taxa líquida de reprodução representada por R0 (Lotka, 1925). A taxa líquida de reprodução é a taxa de multiplicação da população em cada geração, medida em termos de fêmeas produzidas por geração. O número de vezes que uma população se multiplicaria por geração foi calculado pela seguinte fórmula,

$$R_0 = \sum l_x m_x$$

3.4.3.5 Tempo médio de geração (TC)

O valor exato do tempo de geração da coorte (a idade média das mães de uma coorte no momento do nascimento da descendência feminina) foi calculado da seguinte forma

$$T_c = \frac{\sum l_x m_x}{R_0}$$

3.4.3.6 Capacidade inata de aumentar o número de pessoas

Foi registado o número de indivíduos que sobreviveram e o número médio de descendentes femininos produzidos em cada intervalo de idade. A partir dos dados das tabelas de vida, o valor arbitrário da capacidade inata de aumento rc foi calculado de acordo com Laughlin, 1965.

$$r_c = \frac{\text{Loge } R_0}{T_c}$$

A taxa intrínseca de crescimento natural (r_m) foi então calculada a partir do valor de "r_m" arbitrário, tomando dois valores experimentais arbitrariamente selecionados de cada lado do mesmo, diferindo na segunda casa decimal por interpolação com a fórmula dada por Birch (1948) e Watson (1964).

$$\Sigma\ e^{7-r_m x} l_x m_x = 1096.6$$

Foi então construída uma tabela com a coluna 'x' e lx mx' para cada ensaio 'rm'. Os dois valores experimentais de $\Sigma\ e^{7-r_m x}$lx mx foram então traçados no eixo horizontal contra os respectivos 'rm's arbitrários no eixo vertical. Os pontos foram unidos para dar uma linha que intersectava uma linha vertical traçada a partir dos valores desejados de Σ e7 rmxlx mx = 1096,6. O ponto de intersecção dava o valor de "rm" verdadeiro com uma precisão de quatro casas decimais. O tempo exato de geração (T) foi então calculado a partir da fórmula

$$T = \frac{Log_e R_0}{r_m}$$

3.4.3.7 A taxa finita de crescimento natural (λ)

A taxa finita de aumento natural (λ), ou seja, fêmeas por fêmea por dia, foi calculada do seguinte modo

$$\lambda = \text{anti } log_e\ r_m$$

3.4.3.8 Distribuição de idade estável

A distribuição etária estável (distribuição percentual de vários grupos etários) é a distribuição que seria alcançada por uma população com um calendário etário estável de taxas de natalidade e de mortalidade (mx e lx) quando cultivada num espaço limitado (Andrewartha e Birch, 1954). A distribuição etária estável foi elaborada com base no conhecimento da moralidade específica de rm e idade dos estádios imaturo e maduro.

$$l_x = \frac{l_x + (l_x + 1)}{2}$$

O valor lx foi multiplicado por $e^{7-r_m(x+1)}$ e calculou-se a distribuição percentual de cada idade principal (x). Ao juntar as percentagens de cada idade pivô para os respectivos estádios: ovo, larva, pupa e adulto, calculou-se a distribuição percentual esperada de cada estádio numa distribuição etária estável.

3.4.4 Desempenho dos híbridos de Brinjal *Bt* e Não *Bt* contra os principais insectos pragas da Brinjal

O desempenho de diferentes brinjais Bt e não Bt foi estudado quanto à sua interação contra as principais pragas de insectos. As plântulas de diferentes híbridos Bt não Bt e de controlo foram fornecidas pela MAHYCO e transplantadas no Departamento de Horticultura, MAU, Parbhani. Os híbridos incluídos no estudo foram,

N.º Sr.	Híbridos de brinjal *Bt*
Ti	MHB *4BT*
T2	MHB 4 *não-Bt*

T3	MHB 9 *Bt*
T4	MHB 9 *não-Bt*
T5	MHB 10 *Bt*
T6	MHB 10 *não-Bt*
T7	MHB 11 *Bt*
T8	MHB 11 *não-Bt*
T9	MHB 39 *Bt*
T10	MHB 39 *não-Bt*
T11	MHB 80 *Bt*
T12	MHB 80 *não-Bt*
T13	MHB J99 *Bt*
T14	MHBJ 99 *não-Bt*
T15	Pusa híbrido n.º 6 (controlo nacional não *Bt*)

Sob a seguinte configuração experimental Soil Desenho experimental Número de tratamentos Número de repetições Espaçamento entre linhas Espaçamento entre plantas Passagem entre dois tratamentos Plantas por tratamento Área experimental líquida Área experimental bruta Dimensão das parcelas de cada tratamento Distância da fronteira Época Data da transplantação	Solo de algodão preto Desenho de blocos aleatórios Quinze (15) Dois (2) 90 cm 60 cm 2 m 225 1822.5 m^2 3106.5 m^2 121.5 m^2 5 m *Kharif* 2007-2008 e 2008-2009 27-07-2007 29-07-2008

Fig. 3 Plano da disposição para avaliação de híbridos *Bt* e não Bt/?/ brinjal

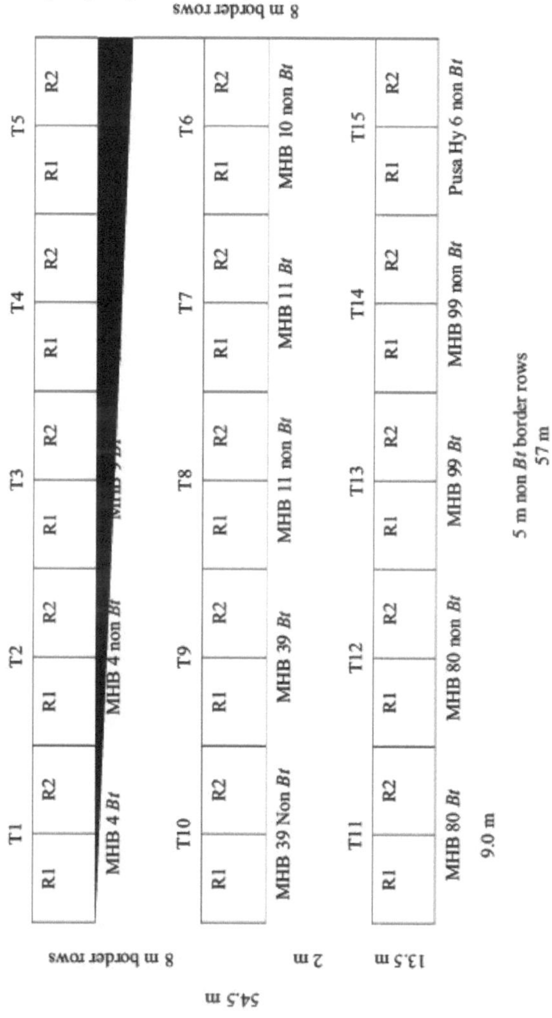

3.4.4.1 Métodos de registo das observações

As observações que se seguem foram registadas em dez amostras selecionadas aleatoriamente
plantas a partir dos 30 dias de transplante, com intervalos quinzenais, até à colheita.

a) Complexo de sugadores, escaravelho epilachna e broca de rebentos e frutos

A população de afídeos, jassídeos, mosca branca, tripes, besouro epilachna e danos nos rebentos foi registada de acordo com o método descrito em 3.4.2.2. As observações do total de frutos e dos frutos infestados foram registadas em número e peso em cada colheita e, consequentemente, a infestação de BSFB foi determinada.

b) Rendimento e rendimento comercializável

O rendimento total e o rendimento comercializável foram registados por parcela. O rendimento total foi calculado somando os rendimentos dos frutos sãos (comercializáveis) e infestados e convertido em quintais por hectare.

3.4.5 Avaliação dos módulos IPM em brinjal

Cinco módulos, nomeadamente o módulo previsto, o módulo MPKV e o módulo BIPM, foram validados no presente estudo. O módulo previsto foi formulado através da combinação das práticas efectivas de GIP da região. O módulo MPKV serviu de padrão para comparação. O módulo BIPM foi incluído para validar a supressão biológica das principais pragas de insectos por agentes de biocontrolo e a sua composição. Os três módulos acima referidos foram comparados com os produtos químicos recomendados. O efeito global dos módulos foi avaliado a partir da sua comparação com o controlo não tratado. A sua economia foi trabalhada para determinar a relação custo-eficácia da utilização destes módulos. Os módulos foram colocados com a seguinte configuração experimental.

Solo : Solo de algodão preto
Conceção experimental : Desenho de blocos aleatórios (RBD)
N.º de tratamentos Cinco (5)
N.º de réplicas Quatro (4)
Dimensão bruta da parcela 9,90 x 90 m
Dimensão líquida da parcela 8,10x 7,80 m
Espaçamento 90 x 60 cm
Distância entre dois : 2 m

replicação

Distância entre duas parcelas : 2 m
Variedades : Pune Kateri
Época : *Kharif* 2008-2009 e 2009-2010
Datas de sementeira : 10-06-2008
: 12-06-2009
Data da transplantação : 12-07-2008
: 14-07-2009
Datas de sementeira de vários : 01-07-2008
culturas intercalares (milho, feijão-frade) 29-06-2009
Taxa de sementeira : 650 g/ha
Detalhes do tratamento : T1- Módulo MPKV Rahuri IPM
T2- Módulo IPM previsto
T3- Módulo BIPM
T4-Controlo químico
T5-Controlo não tratado

Fruits of Bt and NBt brinjal hybrids | Brinjal nursery

IPM trial | Testing of Bt brinjal

Harvested fruits | Yellow sticky trap

Placa 3. Experiências de campo

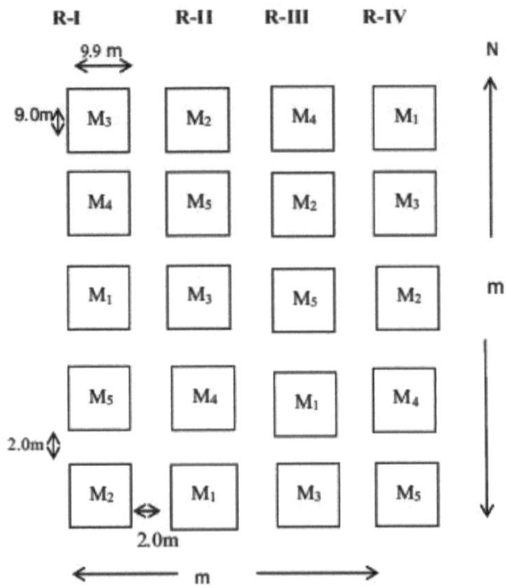

Fig. 4. Planta de implantação

M1 (módulo MPKV Rahuri IPM)
M3 (módulo IPM previsto)
M5 (Controlo não tratado)
M2 (módulo BIPM)
M4 (Controlo químico)

T1- MPKV (Rahuri) Módulo IPM

1. Tratamento de sementes contra pragas sugadoras de início de estação com imidaclopride 70 WS a 5 g/kg de semente
2. Culturas-armadilha - uma linha de milho e de feijão-frade ao longo do limite do campo
3. Duas libertações de ovos de *Trichogramma chilonis* @ 1 lakh/ha 40 DAT a 7 intervalo de dias
4. Cobertura e destruição dos rebentos afectados
5. Pulverização à base de ETL de 5 % NSKE @10 ml/10 litro de água para BSFB aos 45 DAT)
6. Pulverização baseada na ETL de Bt 5%WP @10 g/10 litros para BSFB aos 60 DAT
7. Pulverização à base de ETL de 5 %NSKE @10ml/10 litros de água para BSFB aos 75 DAT
8. Destruição e eliminação dos frutos danificados em cada colheita.
9. Pulverização baseada em ETL de profenofos 50 EC @ 20 ml/10 litro de água para BSFB aos 90 DAT
10. Pulverização à base de ETL de *Verticillium lecanni* @ 30 g/10 lit para complexo

de sucção

11. Quinta e sexta pulverização de 5 % NSKE @10ml/10 litros de água com 15 dias de intervalo

T2 - **Módulo IPM previsto**

1. Campanha de limpeza e lavoura de verão realizada no mês de abril-maio
2. Tratamento de sementes com tiametoxame 70 WS a 5 g/kg de semente
3. NSKE 1500 ppm @ 10 ml/10 litros de água 7 DAT
4. Duas libertações de *Trichogramma chilonis* @ 1 lakh/ha 30 DAT e subsequente libertação com 7 dias de intervalo
5. Pulverização de Bt 5 % WP @10 g/10 litros 60 DAT
6. Armadilhas adesivas amarelas para a gestão da mosca branca
7. NSKE 1500 ppm @ 10 ml/10 litros de água 75 e 90 DAT
8. Recorte de fotos em intervalos semanais
9. Destruição das partes vegetais infestadas e dos frutos
10. Utilização dos insecticidas recomendados após a passagem da ETL (dimetoato 30 EC @ 10 ml/10 litro de água para o complexo de sucção, carbaril 50 WP @ 40 g/10 lit e profenofos 50 EC @ 20 ml/10 lit)

T3 - **Módulo de gestão integrada bio-intensiva**

1. Pulverização em viveiro de *Verticilium lecanii* @ 30 g/10 lit
2. Pulverização de 5 % NSKE @ 10ml/10 litros de água no campo 15, 45 e 90 DAT
3. Três libertações de *Trichogramma chilonis* @ 1 lakh/ha 30 DAT aos 7 dias intervalo após a primeira libertação.
4. Pulverização de Bt 5 % WP @10 g/10 litros 75, 120 e 135 DAT

T4 - Controlo químico

1. Pulverização em viveiro de dimetoato 30 EC @ 10ml/10 litros para o complexo de sucção.
2. Segunda pulverização de oxydemeton methyl 25 EC @ 10 ml/10 litros 15 dias após a transplantação.
3. Terceira pulverização com carbaryl 50 WP @ 40g/10 litros para BSFB após 15 dias.
4. Quarta pulverização com triazofos 40 EC @ 8 ml/10 litros (após 15 dias).
5. Quinta, sexta, sétima e oitava pulverizações com base na ETL com NSKE 5 % @ 10 ml/10 litros de água contra BSFB.
6. Pulverização à base de ETL de triazofos 40 EC @ 8 ml/10 litros contra a mosca branca.

T5 - Não tratado

Não existem medidas fitossanitárias para o controlo de insectos nocivos.

Tabela 2. Pacote de práticas realizadas nos módulos de MIP.

Módulos	Insecticidas / Bio-agentes utilizados	*Kharif* 2008-2009	*Kharif* 2009-2010
1. Módulo MPKV	1. Tratamento de sementes com Imidaclopride 70WS@ 5g/kg de semente 2. Duas libertações de ovos de *Trichogramma chilonis* a 1	10-06-2008 21-08-2008 29-08-2008 26-08-	12-06-2009 22-08-2009 30-08-2009 27-08-

	lakh/ha 3. Pulverização de 5% NSKE @10 ml/10lit 4. Pulverização de Bt 5% WP 10 g/10litro de água 5. Pulverização de profenofos 50 EC 20ml/10 litros de água 6. Pulverização de *Verticilium lecanii* a 30 g/10 litros de água 7. Corte de rebentos com oito dias de intervalo entre 8. Destruição dos frutos infestados em cada colheita	2008 25-09-2008 10-11-2008 25-11-2008 10-09-2008 10-10-2008 6-10-2008 12-08-2008 --	2009 26-09-2009 11-11-2009 26-11-2009 12-09-2009 12-10-2009 6-10-2008 14-08-2008 --
2. Módulo previsto	1. Tratamento de sementes com tiametoxame 70WS 5g/kg de semente 2. Pulverização de NSKE 1500 ppm @10 ml/10lit. 3. Duas libertações de ovos de *Trichogramma* chilonis@1 lakh/ha 4. Pulverização de Bt 5% WP 10 g/10litro de água 5. Pulverização de carbaril 50 WP@ 40 g /10 litros de água 6. Pulverização de profenofos 50 CE a 20 ml/10 litros de água 7. Pulverização de dimetoato 30 EC 10ml/10litros de água. 8. Corte de rebentos com oito dias de intervalo a partir de 4 de setembro 9. Rebentamento dos frutos danificados em cada colheita 9. Recolha e destruição de massas de ovos e larvas do escaravelho epilachna 10. Instalação de armadilhas adesivas amarelas @20/acre para a gestão da mosca branca	10-06-2008 19-07-2008 25-09-2008 10-10-2008 12-08-2008 19-08-2008 10-09-2008 24-10-2008 11-11-2008 22-10-2008 14-11-2008 - 04-10-2008	12-06-2009 22-07-2009 26-09-2009 12-10-2009 13-08-2009 21-08-2009 12-09-2009 16-10-2009 08-11-2009 03-10-2009 17-10-2009 01-10-2009
3. Módulo BIPM	**1.** Pulverização de *Verticillium lecanii* @ 30g/10lit **2.** Pulverização de 5% NSKE @10 ml /10 litros de água **3.** Três libertações de ovos de *Trichogramma chilonis* a 1 lakh/ha **4.** Pulverização de Bt 5% WP 10 g/10litro de água	01-07-2008 28-07-2008 10-10-2008 26-08-2008 12-08-2008 19-08-2008 28-08-2008 25-09-2008 10-11-2008 24-11-2008	03-07-2009 28-07-2009 12-10-2009 27-08-2009 13-08-2009 21-08-2009 29-08-2009 26-09-2009 11-11-2009 26-11-2008
4. Controlo químico	1. Pulverização de dimetoato 30 EC (Rogar) 10ml/10litro de água. 2. Pulverização de oxidemetão-metilo 25 CE a 10 ml/10 litros de água 3. Pulverização de carbaril 50 WP @ 40 g/10 litros de água. 4. Pulverização de trizofos 40 EC 8 ml/10 litros de água 5. Pulverização de 5% NSKE @500ml /500lit de água	30-07-2008 27-07-2008 12-08-2008 28-08-2008 24-10-2008 05-11-2008 22-11-2008 10-09-2008 26-09-2008 22-10-2008 07-11-2008	01-07-2009 30-07-2009 14-08-2009 31-08-2009 04-10-2009 20-10-2009 23-11-2009 14-09-2009 01-10-2009 18-11-2009 04-12-2009
5. Controlo não tratado	Não foram aplicadas medidas fitossanitárias.		

3.4.5.1 Aplicação de tratamentos modulares

A aplicação do tratamento de sementes e dos insecticidas foi feita de acordo com o calendário apresentado no quadro 2.

3.4.5.2 Preparação do líquido de pulverização

Os líquidos de pulverização dos insecticidas com as concentrações desejadas foram preparados no campo. medida que a fase da cultura avançava, a quantidade de material de pulverização necessária para a cobertura da cultura foi aumentando gradualmente. A concentração desejada de inseticida foi preparada utilizando a seguinte fórmula

$$V = \frac{C \times A}{\%\ a.i.}$$

onde,

V = Volume de inseticida comercial

C = Concentração do líquido de pulverização necessária

A = Quantidade de solução de pulverização necessária

% a.i. = % de ingrediente ativo no produto comercial

3.4.5.3 Preparação do NSKE (extrato de semente de nim)

5 kg de sementes de nim, cuidadosamente limpas, foram esmagadas até se tornarem pó e embebidas em 10 litros de água durante a noite. No dia seguinte, o extrato foi filtrado através de musselina e a solução foi completada até 100 litros, adicionando mais água. Antes da aplicação, 200g de pó de nirma foram misturados em 500 ml de água para uma boa cobertura da copa da planta.

3.4.5.4 Libertação de *Trichogramma chilonis*

As tiras de trichocard necessárias foram agrafadas por baixo das folhas para observar a supressão biológica de pragas.

3.4.5. 5 Aplicação do líquido de pulverização

Foram adicionadas quantidades pré-determinadas de insecticidas e biopesticidas na quantidade de água necessária, de acordo com a fase da cultura e a dose necessária por hectare. Antes da aplicação do inseticida/biopesticida, o pulverizador foi limpo com água suficiente. A pulverização foi efectuada durante a manhã.

3.4.5.6 Métodos de registo das observações

a) Complexo de sucção, escaravelho epilachna, broca do rebento e do fruto e rendimento e rendimento comercializável.

As observações sobre o complexo de pragas sugadoras, o escaravelho epilachna, a infestação de brocas e frutos, a produção e o rendimento comercial foram registados 10 dias após a transplantação, de acordo com o método descrito no ponto 3.4.4.1.

b) Inimigos naturais

Foram avaliados diferentes módulos de GIP quanto à sua segurança biológica em relação a agentes biológicos naturais. A população de crisopas, joaninhas e aranhas foi registada a intervalos semanais em cinco plantas selecionadas aleatoriamente, dez dias após a transplantação.

3.4.5.7 Rendimento e economia

a) Rendimento

Por parcela, foram colhidos frutos sãos comercializáveis em cada apanha até à colheita. O rendimento total obtido com estas colheitas em cada módulo IPM de cada parcela foi registado e convertido em q/ha.

b) Economia

A economia dos tratamentos é de importância primordial. O rendimento dos tratamentos individuais foi convertido em rendimento monetário por hectare, tendo em conta o preço. O custo das medidas de proteção das plantas aplicadas foi calculado.

c) Rendimento monetário bruto (GMR)

Para calcular o GMR, o rendimento obtido do controlo não tratado foi subtraído do rendimento dos diferentes tratamentos, presumindo que um certo rendimento mínimo será obtido mesmo sem medidas de proteção das plantas. Assim, o rendimento assim obtido foi designado por "aumento em relação ao controlo". O valor do aumento do rendimento foi designado por GMR.

d) Rendimento monetário líquido (RMN)

O rendimento monetário líquido foi calculado subtraindo as despesas com a cultura da beringela. O cálculo económico foi efectuado com base em dados médios.

e) Rácio custo-benefício (CBR)

O CBR é um juízo final a ter em consideração para comparar os diferentes tratamentos e para escolher o mais económico. O CBR é o rácio entre as despesas adicionais com a aplicação do tratamento e o lucro líquido. Baseia-se no rendimento total em termos de rupias por hectare e no custo dos factores de produção, incluindo tratamentos e encargos de mão de obra, custo de aplicação. Os rendimentos monetários líquidos foram calculados com base nas taxas de mercado prevalecentes declaradas pelo governo estatal durante o período de experimentação, a fim de avaliar o custo de módulos eficazes contra as pragas da beringela.

3.5 Análise estatística

Os dados sobre a população de insectos foram transformados em Valor de Poisson (Nx + 0,5 em que 'x' é o número de insectos individuais). Os dados sobre a percentagem de danos foram transformados em valores angulares e submetidos a análise estatística em diferentes experiências, de acordo com o método padrão sugerido por Panse e Sukhatme (1967). Os dados sobre o rendimento e o rendimento comercializável foram submetidos a uma análise estatística. Os dados assim obtidos em duas épocas foram agrupados e apresentados.

4 RESULTADOS E DISCUSSÃO

No presente inquérito, são apresentados os resultados dos estudos realizados sobre a brinjal no que diz respeito à dinâmica populacional, à correlação climática e às perdas, à biologia e às tabelas de vida, ao desempenho dos híbridos de brinjal Bt e não Bt, bem como aos módulos de gestão integrada da produção e à economia.

4.1 Dinâmica populacional dos principais insectos-praga da brinjal

4.2 Correlações e regressões entre os parâmetros meteorológicos e os principais insectos pragas da brinjal

4.3 Avaliação das perdas de colheitas causadas pelos principais insectos-praga \do brinjal

4.4 Biologia e tabelas de fecundidade de *L. orbonalis* em condições laboratoriais

4.5 Desempenho de híbridos de brinjal Bt e não Bt contra as principais pragas de insectos

4.6 Validação de módulos IPM em brinjal

4.7 Economia e relação custo-benefício dos módulos IPM

4.1 Dinâmica populacional dos principais insectos pragas da brinjal

4.1.1 Dinâmica populacional de *A. gossypii*

Os dados sobre as flutuações populacionais do afídeo *A. gossypii* observados por três folhas durante a *colheita de* 2007-2008 (Quadro 3, Fig.5) revelaram que a população de afídeos foi nula da 30ª à 39ª e da 1ª à 5ª MW durante a experimentação. A incidência de pulgões variou de 0,20 (40ª)MW) a 37,70 (49ª) MW) pulgões. O pico de incidência de 37,70 pulgões foi registado na 49ª MW.

Os dados sobre a população de *A. gossypii* registados durante a *kharif* 2008-2009 (Quadro 4, Fig. 5) revelaram que a população de afídeos era nula durante a 30.ª e 31.ª semanas de colheita e entre a 38.ª e 41.ª semanas de colheita. A incidência de afídeos começou a partir da 32.ª (5,95) MW, com o primeiro (9,85), o segundo (53,55) e o terceiro pico (65,50) nas 35.ª, 47.ª e 5.ª MW, respetivamente.

Anónimo (2004a) observou que a população de afídeos apareceu pela primeira vez na 44ª semana padrão e continuou até ao final da estação. O pico da população de afídeos foi registado na 49ª semana. Anónimo (2006) registou que a população de afídeos apareceu pela primeira vez na 45.ª semana padrão, com um pico na 50.ª semana padrão. Mohapatra (2008) referiu que a incidência de afídeos começou a partir da 31.ª semana padrão, com um pico na 44.ª semana padrão. Radhika e Reddy (2007) referiram que a incidência de afídeos começava a partir da 43.ªMW e atingia o pico na 50.ªMW. Prasad *et al.* (2008) registaram a incidência da 33.ª à 2.ª semana padrão. Pawar *et al.* (2008) registaram a incidência de afídeos a partir da 30.ª MW, tendo aumentado a partir daí até ao final da estação.

4.1.2 Dinâmica populacional de *A. biguttula biguttula*

Os dados sobre a flutuação da população de jassídeos por três folhas, *A. biguttula biguttula,* durante a *Kharif* 2007-2008 (Quadro 3, Fig. 6) revelaram que a população de jassídeos registada em três folhas era nula durante a 30ª a 33ª MW e da 1ª a 5ª MW. A incidência de jassídeos começou a partir da 34.ª (0,40) MW e atingiu o seu pico

(12,10) na 44.ªMW.

Os dados sobre a flutuação populacional do jassídeo, *A. biguttula biguttula,* durante a *kharif* 2008-2009 (Quadro 4) mostraram que a população era nula durante as 30th a 34th e 52nd a 50th MW. A incidência de jassídeos começou a partir da 35ª MW (5,75) e atingiu o seu pico (10,00) na 42ª MW.

Anónimo (2006) referiu que a população de jassídeos era mais elevada na 42.ª semana padrão (2,10 ninfas/folha). Radhika e Reddy (2007) registaram um pico de incidência de jassídeos na 40.ª semana. Mohapatra (2008) registou a incidência de jassídeos a partir da 33.ªsemana padrão, que continuou até à fase reprodutiva tardia da cultura. Pawar *et al.* (2008) registaram um pico de população de jassídeos (3,31/folha) na 41.ªSM e 3,11/folha na 48.ªSM.

4.1.3 Dinâmica populacional de *T. tabaci*

Os dados sobre a flutuação da população do tripes *T. tabaci* registados por três folhas durante a *Kharif* 2007-2008 revelaram que não se registou qualquer população de tripes durante as 32nd a 38th e 44th a 5th MW (Quadro 3, Fig. 7). A incidência de tripes começou a partir da 39.ªMW (4,10), atingindo o seu pico na 41.ªMW (5,00).

A incidência de tripes registada durante a *Kharif* 2008-2009 (quadro 4) mostrou que a população de tripes era nula da 30.ª à 32.ª, 38.ªe 39.ª e da 50.ªà 5.ª MW. A incidência começou a partir da 33.ª MW (3,4) e atingiu o seu pico na 35.ªMW (8,70)

Kawthekar e Puri (2003) registaram a maior população de tripes durante a 35ª MW. A população diminuiu continuamente até à 49ª MW. Resultados semelhantes foram registados por Pawar *et al.* (2008).

4.1.4 Dinâmica populacional de *B. tabaci*

Os dados sobre a população de mosca branca, *B. tabaci* por três folhas foram nulos durante 30th a 35th, 38th e 1st a 5th MW durante a *Kharif* 2007-2008 (Quadro 3, Fig. 8). A incidência começou durante 36th MW (1.00) e aumentou para 35.10 moscas brancas em 49th MW.

Durante a *Kharif* 2008-2009 (quadro 4), a incidência variou entre 2,50 (30.º MW) e 44,25 moscas brancas (45.º MW). A população diminuiu depois disso até à 5.ªMW (9,20).

Anónimo (2004) referiu a incidência de mosca branca durante a 36.ª semana padrão no início, que persistiu até à 52.a semana padrão. Anónimo (2006) relatou a incidência a partir da 30.ªsemana padrão, atingindo o seu pico na 44.ª semana padrão. De acordo com Pawar *et al.* (2008), as moscas brancas atingiram o seu pico (10,46/folha) durante a 46ª semana padrão. O pico de atividade das moscas brancas foi observado em 44th (Mohapatra 2008) e (Sharma *et.al.* 2004), 46th (Pawar *et al.* 2008) 45th e 48^{th}(Prasad *et al.* 2008)

4.1.5 Dinâmica populacional de *H. viginitioctopunctata*

Os dados sobre a flutuação da população do escaravelho da epilachna, *H. viginitioctopunctata*, por planta durante a *Kharif* 2007-2008 (Quadro 3, Fig. 9) revelam que a população do escaravelho da epilachna foi nula durante a 33ª, 34ª, 36ª, 37ª e 39ª até à 5ª MW. A incidência começou a partir da 30ª MW (3,20) e atingiu o seu pico

(4,60) na 31ª MW.

Durante a *Kharif* 2008-2009 (quadro 4), a população do escaravelho epilachna foi nula entre o 45º e o 5º SM. A incidência começou a partir do 30º MW (0,45), atingindo o seu pico (4,25) no 33º MW.

Anónimo (2004) relatou a incidência do besouro epilachna na 30ª semana e na semana padrão e persistiu até à 45ª semana padrão. O pico de incidência foi observado na 34ª semana padrão (1,05/planta).

4.1.6 Dinâmica populacional de *L. orbonalis* (larva)

Os dados sobre a flutuação da população de *L. orbonalis* por planta registados durante a *Kharif* 2007-2008 mostraram que a população era nula entre 30th e 40th MW. A broca estava ativa a partir do 41º MW (0,05), atingindo o seu pico (1,15) no 45º MW (Quadro 3, Fig. 10).

Durante a *Kharif* 2008-2009 (quadro 4), a população era nula na 30ª e 32ª MW. A incidência começou a partir da 31.ª MW (0,05), atingindo o seu pico (1,25) na 43.ª MW.

Sah *et al.* (1995) registaram o número máximo de larvas em frutos na 44ª MW. Bodkhe (2004) registou a população larvar mais elevada de BSFB (0,66) na 46ª MW. Anonymous (2006) registou um pico de atividade da broca durante o mês de outubro. As capturas médias foram máximas nas semanas padrão 42nd e 45th.

Quadro 3. Dinâmica populacional dos principais insectos pragas da brinjal durante a *kharif* 2007-2008

MW	Período	Pulgão	Jassid	Thrip	Mosca branca	Escaravelho Epilachna	BSFB
30	23-29 de julho	0.00	0.00	0.00	0.00	3.20	0.00
31	30-05 de agosto	0.00	0.00	0.00	0.00	4.60	0.00
32	06-12 de agosto	0.00	0.00	0.00	0.00	3.50	0.00
33	13-19 de agosto	0.00	0.00	0.00	0.00	0.00	0.00
34	20-26 de agosto	0.00	0.40	0.00	0.00	0.00	0.00
35	27-02 Set	0.00	0.30	0.00	0.00	0.40	0.00
36	03-09 Set	0.00	0.20	0.00	1.00	0.00	0.00
37	10-16 de setembro	0.00	4.20	0.00	0.80	0.00	0.00
38	17-23 de setembro	0.00	6.80	0.00	0.00	0.90	0.00
39	24-30 de setembro	0.00	4.10	4.10	2.40	0.00	0.00

40	01-07 Out	0.20	4.20	4.20	4.40	0.00	0.00
41	08-14 Out	4.00	6.90	5.00	5.90	0.00	0.05
42	15-21 de outubro	6.20	10.40	4.60	11.60	0.00	0.05
43	22-28 Out	1.20	11.60	4.40	12.50	0.00	0.20
44	24-09 Nov	0.00	12.10	0.00	21.40	0.00	0.05
45	05-11 Nov	0.42	10.20	0.00	22.00	0.00	1.15
46	12-18 Nov	4.80	12.00	0.00	22.00	0.00	0.65
47	19-25 Nov	21.90	10.20	0.00	25.40	0.00	0.80
48	26-02 Dez	22.40	8.40	0.00	29.40	0.00	1.00
49	03-09 Dez	37.70	2.40	0.00	35.10	0.00	0.70
50	10-16 Dez	26.40	2.00	0.00	29.50	0.00	0.65
51	17-23 Dez	25.60	2.10	0.00	30.40	0.00	0.60
52	24-31 Dez	25.00	2.00	0.00	24.60	0.00	0.30
01	01-07 Jan	0.00	0.00	0.00	0.00	0.00	0.15
02	08-14 Jan	0.00	0.00	0.00	0.00	0.00	0.10
03	15-21 de janeiro	0.00	0.00	0.00	0.00	0.00	0.05
04	22-28 de janeiro	0.00	0.00	0.00	0.00	0.00	0.05
05	29-04 Fev	0.00	0.00	0.00	0.00	0.00	0.05

Quadro 4. Dinâmica populacional dos principais insectos pragas da brinjal durante a *kharif* 2008-2009

MW	Período	Pulgão	Jassid	Thrip	Mosca branca	Escaravelho Epilachna	BSFB
30	23-29 de julho	0.00	0.00	0.00	6.35	0.45	0.00
31	30-05 de agosto	0.00	0.00	0.00	6.65	2.25	0.05
32	06-12 de agosto	5.95	0.00	0.00	8.30	4.10	0.00
33	13-19 de agosto	5.40	0.00	3.40	11.60	4.25	0.05
34	20-26 de agosto	8.95	0.00	7.58	15.70	2.50	0.05
35	27-02 Set	9.85	5.75	8.70	10.25	3.95	0.05
36	03-09 Set	6.80	7.80	8.10	6.85	3.00	0.05
37	10-16 de setembro	4.75	7.40	2.85	3.15	2.20	0.05
38	17-23 de	0.00	7.70	0.00	2.05	1.40	0.05

	setembro						
39	24-30 de setembro	0.00	7.90	0.00	7.25	1.50	0.15
40	01-07 Out	0.00	9.30	6.00	23.75	1.15	0.05
41	08-14 Out	0.00	8.95	5.00	18.85	1.45	0.20
42	15-21 de outubro	8.05	10.00	4.40	26.95	0.95	0.30
43	22-28 Out	20.15	7.60	4.55	31.65	0.75	1.25
44	24-09 Nov	33.00	7.15	6.40	41.05	0.45	0.85
45	05-11 Nov	48.28	7.70	8.70	44.25	0.00	0.75
46	12-18 Nov	53.55	5.05	8.00	39.25	0.00	0.75
47	19-25 Nov	33.50	5.10	6.50	41.65	0.00	0.65
48	26-02 Dez	13.40	4.90	6.00	26.95	0.00	1.05
49	03-09 Dez	7.20	4.60	6.00	21.35	0.00	1.00
50	10-16 Dez	7.30	4.20	0.00	20.60	0.00	0.95
51	17-23 Dez	8.10	3.60	0.00	19.75	0.00	0.65
52	24-31 Dez	13.40	0.00	0.00	18.25	0.00	0.25
01	01-07 Jan	16.20	0.00	0.00	17.15	0.00	0.20
02	08-14 Jan	54.81	0.00	0.00	16.75	0.00	0.15
03	15-21 de janeiro	56.80	0.00	0.00	13.25	0.00	0.05
04	22-28 de janeiro	61.40	0.00	0.00	10.15	0.00	0.05
05	29-04 Fev	65.80	0.00	0.00	9.20	0.00	0.05

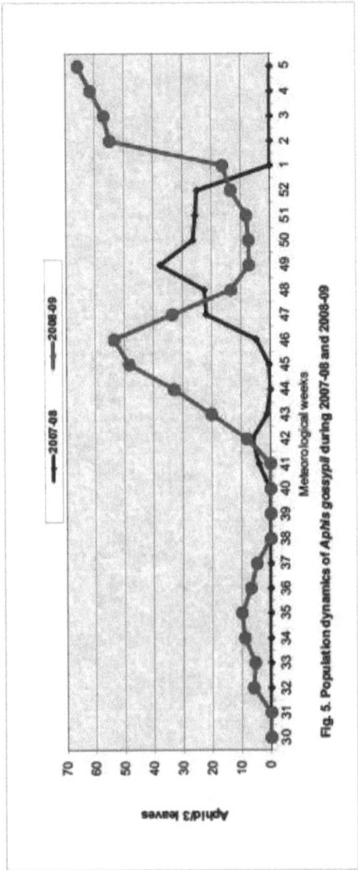

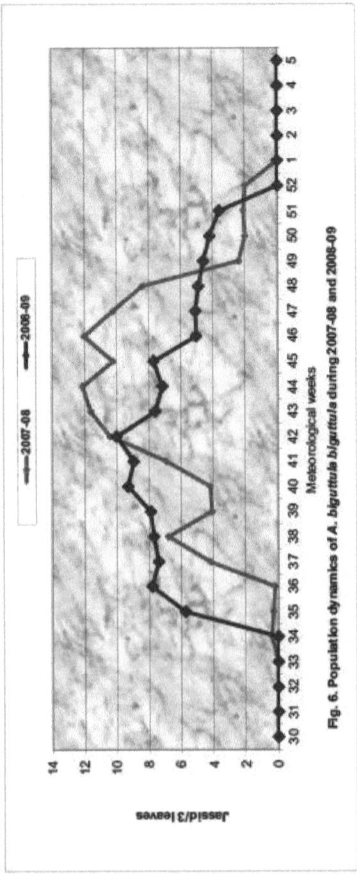

Fig. 5. Dinâmica populacional de *Aphis gossypii* durante 2007-08 e 2008-09
2007-08 2008-09
Fig. 6. Dinâmica populacional de *A. biguttula biguttula* durante 2007-08 e 2008-09

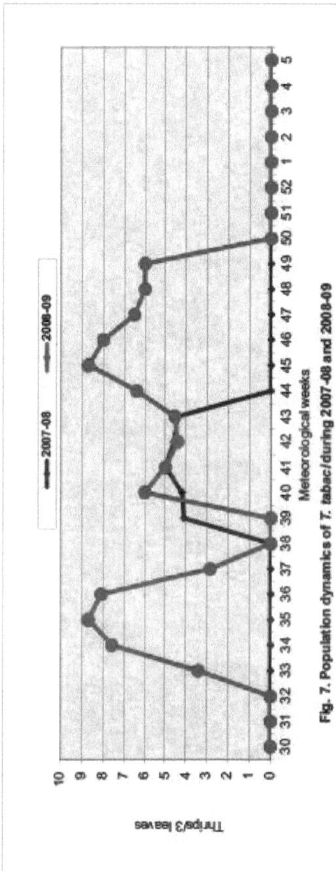

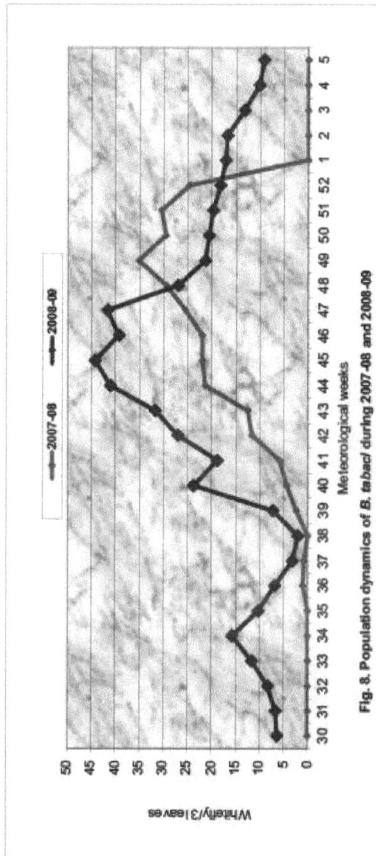

Fig. 7. Dinâmica populacional de *T. tabaci* durante 2007-08 e 2008-09

2007-08 2008-09

Fig. 8. Dinâmica populacional de *B. tabaci* durante 2007-08 e 2008-09

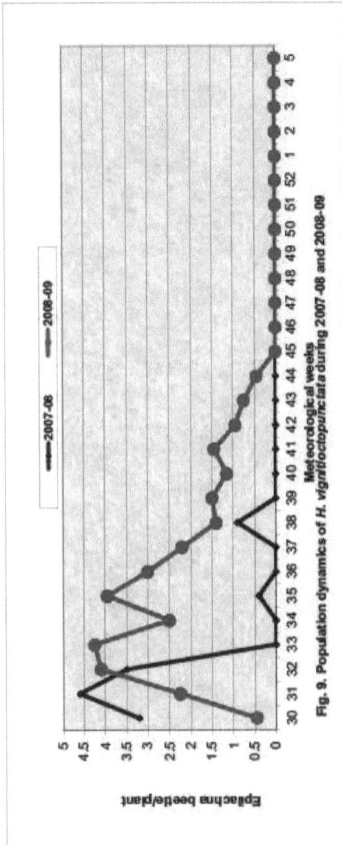

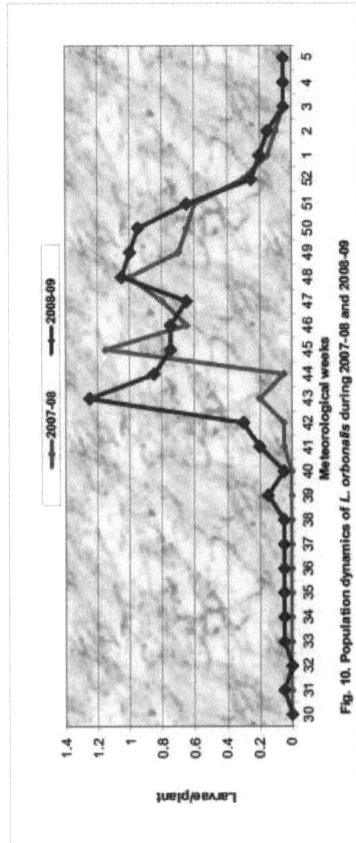

Fig. 9. Dinâmica populacional de *H. vignitioctopunctata* durante 2007-08 e 2008-09

2007-08 2008-09

Fig. 10. Dinâmica populacional de *L. orbonalis* durante 2007-08 e 2008-09

4.2 Correlação e regressão simples entre os parâmetros meteorológicos e as principais pragas de insectos da beringela

Os dados relativos à dinâmica populacional dos principais insectos-praga da brinjal foram registados durante a *colheita de* 2007-2008 e 2008-2009 e comparados com os parâmetros meteorológicos. Posteriormente, foram determinadas correlações e regressões simples.

4.2.1 Correlação e regressão simples entre as condições meteorológicas parâmetros e complexo de sucção

Foi observada a influência dos parâmetros meteorológicos, nomeadamente a precipitação, o número de dias de chuva, a temperatura máxima e mínima, a humidade relativa matinal e vespertina no complexo de sucção e os dados pertinentes são apresentados nos quadros 5 a 12.

4.2.1.1. *A. gossypii*

Os dados relativos à correlação e regressão simples obtidos durante o *kharif* 2007-2008 e 2008-2009 são apresentados nos quadros 5 e 6.

4.2.1.1.1 Estudos de correlação simples

Durante a *kharif* 2007-2008, os coeficientes de correlação entre a precipitação (r= -0,493*), a temperatura máxima (r= - 435**), a humidade relativa da manhã (r= -0,507*) e a humidade relativa da tarde (r= 0,471**) foram significativos e negativos e os da temperatura mínima (r= 0,496*) foram significativos e positivos em relação a *A. gossypii.*

Durante a *kharif* 2008-2009, as correlações entre a precipitação (r = -0,410**), os dias de chuva (r = -0,435**), a temperatura mínima (r = -0,512*), a UR matinal (r = -0,537*) e a UR nocturna (r = - 0,578*) foram significativas e negativas com *A. gossypii.*

Tabela 5. Correlação e regressão simples entre parâmetros meteorológicos e *A. gossypii* durante a *Kharif* 2007-08

Parâmetros	Interceção(a)	Declive(b)	valores "r
Precipitação	8.093	-0.078	-0.493*
Dias de chuva	8.728	-2.288	-0.348
Temperatura máxima	117.100	-3.548	-0.435**
Temperatura mínima	24.640	1.229	0.496*
Manhã RH	71.630	-8.256	-0.507*
Noite RH	21.830	-3.421	-0.471**

* Significativo a 5 % **N=28**

** Significativo a 1 %

Quadro 6. Correlação e regressão simples entre parâmetros meteorológicos e *A. gossypii* durante a *Kharif* 2008-09

Parâmetros	Interceção(a)	Declive(b)	valores "r
Precipitação	2465.000	-0.330	-0.410**
Dias de chuva	2559.000	-5.614	-0.435**
Temperatura máxima	-9450.000	3.638	0.310
Temperatura mínima	5642.000	-2.241	-0.512*
Manhã RH	134.000	-1.454	-0.537*
Noite RH	49.800	-0.683	-0.578*

N=28

4.2.1.1.2 Estudos de regressão simples

Durante as *colheitas* de 2007-2008 e 2008-2009, foi efectuada a regressão simples entre os parâmetros meteorológicos e a incidência de *A. gossypii*, juntamente com o coeficiente de regressão "b" e a constante "a", tendo sido estabelecidas as respectivas equações.

Durante a *colheita de* 2007-2008, as equações de regressão foram Y= 8,093 - 0,078x,

Y= 117,10 - 3,548 x, Y= 71,63-8,256 x e Y= 21,83 -3,421x, o que indica que, por cada aumento unitário da precipitação, da temperatura máxima, da humidade relativa matinal e da humidade relativa vespertina, a população de *A. gossypii* diminuiu 0,078, 3,548, 8,256 e 3,421, respetivamente. A regressão Y = 24,64 + 1,229x indicou que cada aumento unitário da temperatura mínima provocou um aumento da população de *A. gossypii* de 1,229.

Durante a *colheita de* 2008-2009, as equações de regressão foram Y= 2465,00 - 0,330 x, Y = 2559,00 - 5,614 x, Y = 5642,00 - 2,241x, Y = 134,00 - 1,454 x e Y = 49,80 - 0.683 x, o que indica que, para cada aumento unitário da precipitação, dos dias de chuva, da temperatura mínima, da UR matinal e da UR vespertina, a população de *A. gossypii* diminuiu em 0,330, 5,614, 2,241, 1,454 e 0,683, respetivamente.

Mohapatra (2008) referiu que a temperatura máxima tinha uma correlação positiva com o *A. gossypii.* Prasad *et al.* (2008) referiram que todos os parâmetros meteorológicos, nomeadamente a precipitação, os dias de chuva, a temperatura máxima, a temperatura mínima, a UR matinal e a UR vespertina, exerceram uma influência significativa e negativa na população de afídeos, exceto a temperatura máxima.

4.2.1.2 *A. biguttula biguttula*

Os dados relativos à correlação e regressão entre os parâmetros climáticos e a população de *A. biguttula biguttula* durante a *kharif* 20072008 e 2008-2009 são apresentados nos quadros 7 e 8.

Tabela 7. Correlação e regressão simples entre parâmetros meteorológicos e *A. biguttula biguttula* durante a *kharif* 2007-08

Parâmetros	Interceção(a)	Declive(b)	valores "r
Precipitação	4.390	-0.022	-0.204
Dias de chuva	4.320	-0.388	-0.146
Temperatura máxima	-22.760	0.856	-0.261
Temperatura mínima	8.520	-0.311	0.311
Manhã RH	6.950	-0.038	-0.058
Noite RH	7.210	-0.073	-0.249

N=28

Tabela 8. Correlação e regressão simples entre parâmetros meteorológicos e *A. biguttula biguttula* durante a *kharif* 2008-09

Parâmetros	Interceção(a)	Declive(b)	valores "r
Precipitação	3.904	-0.010	0.078
Dias de chuva	4.045	0.0270	0.012
Temperatura máxima	-20.820	0.795	0.401**
Temperatura mínima	2.545	0.997	0.125
Manhã RH	3.969	0.001	0.003
Noite RH	3.721	0.0794	0.078

N=28

4.2.1.2.1 Estudos de correlação simples

Os dados sobre os coeficientes de correlação durante a *Kharif* 2007-2008 mostraram que a correlação de *A. biguttula biguttula* com a precipitação, os dias de chuva, a temperatura máxima, a temperatura mínima, a humidade relativa da manhã e a humidade relativa da noite não foi significativa, o que revela que os parâmetros meteorológicos não têm impacto nos jassídeos.

Os dados sobre o coeficiente de correlação durante a *kharif* 2008-2009 mostraram que a correlação da temperatura máxima (r=0,401**) com a população de jassídeos foi significativa e positiva. No entanto, a correlação entre a precipitação, os dias de chuva, a temperatura mínima, a UR matinal e a UR nocturna e os jassídeos não foi significativa.

4.2.1.2.2 Estudos de regressão simples

Os estudos de regressão simples para *A. biguttula biguttula* foram efectuados durante a *kharif* 2007-2008 e 2008-2009 com o coeficiente de regressão "b" e a constante "a", tendo sido criadas equações de regressão simples.

Durante o *kharif* 2007-2008, como os parâmetros meteorológicos apresentaram correlação não significativa, as equações de regressão não foram determinadas.

Durante a *colheita* de 2008-2009, a equação de regressão foi Y= -20,820+0,795x, o que indica que, para cada aumento unitário da temperatura máxima, a população de *A. biguttula biguttula* aumentou em 0,795.

Chavan (2007) registou uma correlação significativa e positiva da temperatura máxima com os jassídeos. Resultados semelhantes foram registados por Prasad *et al,* (2008). Os relatórios de Mohapatra (2008) mostraram uma correlação positiva e significativa da temperatura com *A. biguttula biguttula.*

4.2.1.3 *T. tabaci*

Os dados pertinentes sobre a correlação simples e a regressão entre os parâmetros meteorológicos e a população de *T. tabaci* durante a *kharif* 2007-2008 e 2008-2009 são apresentados nos quadros 9 e 10, respetivamente.

4.2.1.3.1 Estudos de correlação simples

Os dados registados durante a *kharif* 2007-2008 mostraram uma correlação significativa e positiva da temperatura máxima com *T. tabaci* (r=0,536*). Os restantes parâmetros meteorológicos não apresentaram correlações significativas.

Durante a *kharif* 2008-2009, a precipitação (r= -0,683*) mostrou uma correlação significativa e negativa com *T. tabaci.* A correlação de outros parâmetros meteorológicos com tripes não foi significativa.

4.2.1.3.2 Estudos de regressão simples

Durante a *colheita de* 2007-2008 e 2008-2009, foram elaboradas as equações de regressão simples entre os parâmetros meteorológicos e a incidência da população de *T. tabaci,* juntamente com o coeficiente de regressão "b" e a constante "a".

A equação de regressão durante a *colheita de* 2007-2008 foi Y= - 20,25 + 0,675x, indicando que o aumento unitário da temperatura máxima resultou num aumento de

0,675 de *T. tabaci*.

A equação de regressão durante a época *da colheita* de 2008-2009 foi Y = 3,683 - 0,010 x, o que indica que, por cada aumento unitário da precipitação, a população de *T. tabaci* diminuiu 0,010.

Chavan (2007) registou uma correlação significativa e positiva da temperatura com a população de tripes. Prasad *et al.* (2008) registaram um efeito significativo e negativo da precipitação e um impacto significativo mas positivo da temperatura máxima na população de tripes. Resultados semelhantes foram registados por Mohpatra (2008).

Tabela 9. Correlação e regressão simples entre parâmetros meteorológicos e *T. tabaci* durante a *kharif* 2007-08

Parâmetros	Interceção(a)	Declive(b)	valores "r
Precipitação	0.935	-0.007	-0.185
Dias de chuva	0.944	-0.168	-0.165
Temperatura máxima	-20.25	0.675	0.536*
Temperatura mínima	0.256	0.036	0.093
Manhã RH	1.321	0.006	0.027
Noite RH	0.904	0.002	0.024

N=28

Tabela 10. Correlação e regressão simples entre parâmetros meteorológicos e *T. tabaci* durante a *kharif* 2008-09

Parâmetros	Interceção(a)	Declive(b)	valores "r
Precipitação	3.683	-0.010	-0.683*
Dias de chuva	3.445	0.683	0.035
Temperatura máxima	-13.280	0.536	0.301
Temperatura mínima	1.642	0.122	0.171
Manhã RH	8.284	-0.064	-0.147
Noite RH	3.294	0.005	0.028

N=28

4.2.1.4. *B. tabaci*

Os dados relevantes da correlação e regressão entre os parâmetros meteorológicos e a população de *B. tabaci* durante a *colheita* de 2007-2008 *e a colheita* de 2008-2009 são apresentados nos quadros 11 e 12, respetivamente.

4.2.1.4.1. Estudos de correlação simples

Durante a *kharif* 2007-2008, observou-se que as correlações entre a precipitação (r= - 0,369**), os dias de chuva (r= -0,423**), a temperatura mínima (r= - 0,532*) e a UR da manhã (r = - 0,514*) e a mosca branca eram significativas e negativas e que a UR da noite (r= 0,538*) com a mosca branca era significativa e positiva.

Durante a *kharif* 2008-2009, observou-se que as correlações da precipitação (r = - 0,542*), dias de chuva (r = -0,584*), temperatura mínima (r = 0,551*), RH da manhã (r = -0,718*) e RH da noite (r = -0,642*) foram significativas e negativas. As correlações da temperatura máxima (r = 0,418**) com a mosca branca foram significativas e positivas.

4.2.1.4.2. Estudos de regressão simples

Durante as *colheitas* de 2007-2008 e 2008-2009, foram efectuados estudos de regressão simples e foram estabelecidas equações de regressão.

Durante a época *da colheita de* 2007-2008, as equações de regressão foram Y= 12,16 - 1,110 x, Y= 12,950 - 3,106x, Y= 31,620 - 1,471x e Y= 83,700 - 9,353x, o que indica que, por cada aumento unitário da precipitação, dos dias de chuva, da temperatura mínima e da taxa de humidade relativa matinal, a população de *B. tabaci* diminuiu 1,110, 3,106, 1,471 e 9,353, respetivamente. A regressão Y= 29,480 + 0,437x indica que, por cada aumento unitário da UR nocturna, a população de *B. tabaci* aumentou 0,437.

Durante o *kharif* 2008-2009 as equações de regressão foram Y=22.940-0.237x,Y=23.690-4.097x,Y=40.850-1.415x,Y=102.400-1.056x e Y=37.51-41.220x o que indica que para cada unidade de aumento na precipitação,

Tabela 11. Correlação e regressão simples entre os parâmetros meteorológicos e a *B. tabaci na kharif* 2007-08

Parâmetros	Interceção(a)	Declive(b)	valores "r
Precipitação	12.160	-1.110	-0.369**
Dias de chuva	12.950	-3.106	-0.423**
Temperatura máxima	84.250	-2.385	-0.262
Temperatura mínima	31.620	-1.471	-0.532*
Manhã RH	83.700	-9.353	-0.514*
Noite RH	29.480	0.437	0.538*

N=28

Tabela 12. Correlação e regressão simples entre parâmetros meteorológicos e *B. tabaci* durante a *kharif* 2008-09

Parâmetros	Interceção(a)	Declive(b)	valores "r
Precipitação	22.940	-0.237	-0.542*
Dias de chuva	23.690	-4.097	-0.584*
Temperatura máxima	-0.642	2.666	0.418**
Temperatura mínima	40.850	-1.415	-0.551*
Manhã RH	102.400	-1.056	-0.718*
Noite RH	37.510	-41.220	-0.642*

N=28

dias de chuva, temperatura mínima, UR matinal e UR vespertina, a população de *B. tabaci* diminuiu em 0,237, 4,097, 1,415, 1,056 e 41,220, respetivamente. A regressão Y=-0,642 + 2,666x indicou que o aumento unitário da temperatura máxima resultou num aumento de 2,666 da população *de B. tabaci*.

Singh *et al.* (2000) referiram que a temperatura mínima e a precipitação exerceram uma correlação significativa e negativa com a mosca branca. Suplementar os resultados da *colheita de* 2007-2008 dos presentes resultados. Chavan (2007) referiu uma correlação positiva entre a população de moscas brancas e a temperatura máxima e a humidade relativa do ar e uma correlação negativa com a temperatura mínima. Prasad *et al.* (2008) observaram que a precipitação e a temperatura têm uma correlação significativa e negativa com as moscas brancas.

4.2.1.5 *H. viginitioctopunctata*

Os dados relativos à correlação simples e às regressões obtidas durante a *kharif* 2007-2008 e 2008-2009 são apresentados nos quadros 13 e 14.

4.2.1.5.1 Estudos de correlação simples

Durante o *kharif* 2007-2008, as correlações da temperatura mínima (r = 0,413**) e da RH nocturna (r = 0,514*) foram significativas e positivas, enquanto outros parâmetros mostraram uma correlação não significativa com a população de escaravelhos.

Durante a *colheita* de 2008-2009, as correlações dos dias de chuva (r=0,649*), da temperatura mínima (r=0,788*), da UR matinal (r=0,699*) e da UR nocturna (r=0,747*) com o escaravelho epilachna foram significativas e positivas. Os demais parâmetros não apresentaram correlações significativas.

Tabela 13. Correlação e regressão simples entre parâmetros meteorológicos e *H. viginitioctopunctata* durante a *kharif* 2007-08

Parâmetros	Interceção(a)	Declive(b)	valores "r
Precipitação	0.312	0.007	0.238
Dias de chuva	0.267	0.190	0.068
Temperatura máxima	- 1.374	0.058	0.066
Temperatura mínima	- 1.180	0.105	0.413**
Manhã RH	- 3.784	0.054	0.305
Noite RH	1.358	0.040	0.514*

N=28

Tabela 14. Correlação e regressão simples entre parâmetros meteorológicos e *H. viginitioctopunctata* durante a *kharif* 2008-09

Parâmetros	Interceção(a)	Declive(b)	valores "r
Precipitação	0.814	0.0168	0.327
Dias de chuva	0.490	0.536	0.649*
Temperatura máxima	5.055	- 14.299	- 0.190
Temperatura mínima	- 2.566	0.238	0.788*
Manhã RH	- 8.490	0.121	0.699*
Noite RH	- 1.4320	0.564	0.747*

N=28

4.2.1.5.2. Estudos de regressão simples

Durante o *kharif* 2007-2008 e 2008-2009, foram elaboradas as equações de regressão simples e os dados pertinentes são apresentados nos quadros 13 e 14.

Durante a *kharif* 2007-2008, as equações de regressão foram Y= - 1,180 + 0,105x e Y= 1,358 + 0,040x, o que indica que, por cada unidade de aumento da temperatura mínima e da HR nocturna, a população de *H. viginitioctopunctata* aumentou 0,105 e 0,040, respetivamente.

Durante a *kharif* 2008-2009, as equações de regressão foram Y = 0,4905 + 0,5360 x, Y = -2,566 + 0,2380x, Y = -8,490 + 0,1211 x e Y = -1,4320 + 0,5648x, o que indica que, para cada unidade de aumento nos dias de chuva, temperatura mínima, UR matinal e UR vespertina, a população de epilachna aumentou em 0,5360, 0,2380, 0,1211 e 0,5648, respetivamente.

4.2.1.6 *L. orbonalis*

Os dados relevantes da correlação e regressão entre os parâmetros meteorológicos e a população de *L. orbonalis* durante a *kharif* 2007-2008 e 2008-2009 são apresentados nos quadros 15 e 16, respetivamente.

4.2.1.6.1 Estudos de correlação simples

Durante a *kharif* 2007-2008, os coeficientes de correlação entre os dias de chuva (r= - 0,397**), a temperatura mínima (r= - 0,586*), a UR matinal (r=- 0,454**) e a UR nocturna (r =- 0,536*) com *L. orbonalis* foram significativos e negativos. A relação da precipitação e da temperatura máxima com a população de brocas não foi significativa. Durante a *colheita* de 2008-2009, as correlações da precipitação (r = -0,378**), dos dias de chuva (r = -0,405**), da temperatura mínima (r = -0,467**), da humidade relativa da manhã (r =-0,433**) e da humidade relativa da tarde (r =-0,416**) com *L. orbonalis* foram significativas e negativas.

Tabela 15. Correlação e regressão simples entre parâmetros meteorológicos e *L. orbonalis* durante a *kharif* 2007-08

Parâmetros	Interceção(a)	Declive(b)	valores "r
Precipitação	0.292	-0.002	-0.335
Dias de chuva	0.315	-0.082	-0.397**
Temperatura máxima	2.467	-0.072	-0.280
Temperatura mínima	0.906	-0.046	-0.586*
Manhã RH	2.067	-0.023	-0.454**
Noite RH	0.783	-0.012	-0.536*

N=28

Tabela 16. Correlação e regressão simples entre parâmetros meteorológicos e *L. orbonalis* durante a *kharif* 2008-09

Parâmetros	Interceção(a)	Declive(b)	valores "r
Precipitação	0.776	-0.010	-0.378**
Dias de chuva	0.809	-0.187	-0.405**
Temperatura máxima	-1.702	0.073	0.145
Temperatura mínima	1.816	-0.079	-0.467**
Manhã RH	3.915	-0.042	-0.433**
Noite RH	1.387	-0.176	-0.416**

N=28

4.2.1.6.2 Estudos de regressão simples

Os dados relevantes sobre as equações de regressão simples obtidas durante a *colheita de* 2007-2008 e 2008-2009 são apresentados nos quadros 15 e 16.

Durante a *Kharif* 2007-2008, as equações de regressão foram Y= 0,315- 0,082 x, Y= 0,906- 0,046x, Y = 2,067- 0,023x e Y = 0,783 - 0,012x, o que mostrou que, para cada aumento unitário dos dias de chuva, da temperatura mínima, da UR da manhã e da UR da noite, a população de *L. orbonalis* diminuiu 0,082, 0,046, 0,023 e 0,012, respetivamente.

Durante a *colheita* de 2008-2009, as equações de regressão simples foram Y = 0,7762 - 0,010 x, Y = 0,809 - 0,187 x, Y = 1,816 - 0,079 x, Y = 3,915 - 0,042 x e Y = 1,387- 0,176x, o que indica que, por cada aumento unitário da precipitação, dos dias de chuva, da temperatura mínima, da humidade relativa matinal e da humidade relativa vespertina, a população de *L. orbonalis* diminuiu 0,010, 0,187, 0,079, 0,042 e 0,176, respetivamente

De acordo com Patel e Jhala (1992), a humidade relativa apresentou uma correlação negativa com a população de brocas. A temperatura mínima apresentou uma correlação negativa com a população de brocas (Prasad e Logiswaran, 1997). Singh *et al.* (2000) registaram um efeito positivo da temperatura na redução da intensidade e da infestação dos danos nos rebentos e nos frutos. A humidade relativa teve um impacto negativo na broca. Krishna Kumar *et al.* (2004) referiram que a humidade relativa e a temperatura mínima tinham uma correlação significativa e negativa com as capturas nas armadilhas. Observações semelhantes foram feitas por Anonymous (2006), além da correlação da precipitação e do número de dias de chuva com a população de brocas.

4.3 Avaliação das perdas de culturas causadas pelos principais insectos pragas de brinjal

4.3.1 Incidência e infestação de pragas de insectos

Durante a *kharif* 2007-2008 (Tabela 17, Fig. 11 a 14) a população de pulgão, jassid, thrip e mosca branca foi de 7,67, 1,75, 1,55 e 7,70 por três folhas, respetivamente, sob condições protegidas, enquanto foi de 13,99, 5,26, 4,54 e 16,30 por três folhas, respetivamente, sob condições não protegidas. A população de besouros epilachna por planta variou significativamente sob condições protegidas (0,69) e não protegidas

(1,68) na Tabela 20 e na Fig. 15. Sob condições protegidas, a média de danos por cento de brotos e frutos (Tabela 22) foi de 0,00 e 12,17, e 0,00 e 27,22, respetivamente, sob condições desprotegidas.

Os dados sobre pragas sugadoras registados durante a *kharif* 2008-2009 (Quadro 18, Fig. 11 e 14) indicaram diferenças significativas em condições protegidas e não protegidas. Em condições protegidas, a população de afídeos, jassídeos, tripes e moscas brancas por cada três folhas foi de 9,13, 1,92, 1,85 e 8,85, ao passo que em condições não protegidas foi de 18,27, 5,38, 6,59 e 18,62, respetivamente. A população do besouro epilachna durante a *kharif* 2008-2009 não foi significativa (Tabela 20). A percentagem de danos em rebentos e frutos durante a *kharif* 2008-09 (quadros 21 e 22, figuras 16 e 17) mostrou diferenças significativas. Em condições protegidas, a percentagem de danos nos rebentos e nos frutos foi de 9,17 e 10,57, enquanto em condições não protegidas foi de 18,26 e 22,55.

Os resultados combinados mostraram diferenças significativas na população de pragas sugadoras em condições protegidas e não protegidas (Quadro 19, Fig. 11 a 14). A população de afídeos, jassídeos, tripes e moscas brancas por três folhas foi de 8,40, 1,84, 1,70 e 8,28 em condições protegidas, enquanto foi de 16,13, 5,32, 5,57 e 17,46, respetivamente, em condições não protegidas. A população do besouro epilachna foi de 0,86 em condições protegidas e de 1,84 em condições não protegidas (Quadro 20). A percentagem de danos nos frutos em condições protegidas e não protegidas foi de 11,32 e 24,89, respetivamente (quadros 21 e 22).

Chatterjee e Roy (2004) registaram uma infestação mais baixa de rebentos e frutos de 8,66 e 11,4 por cento em condições protegidas, em comparação com 17,30 e 26,96 por cento em condições não protegidas. Kale *et al.* (2005) registaram 5,8 afídeos, 6,3 jassídeos e 2,41 moscas brancas por folha em condições protegidas, contra 20,40, 14,20 e 4,80 em condições não protegidas. Eswarareddy (2005)

Quadro 17. Complexo de pragas sugadoras observado durante a *kharif* 2007-08 em condições protegidas e não protegidas

Tratamentos	População de pragas por três folhas			
	Pulgão	Jassid	Thrip	Mosca branca
Protegido (Ti)	7.67 (2.86)	1.75 (1.50)	1.55 (1.43)	7.70 (2.86)
Não protegido (T2)	13.99 (3.81)	5.26 (2.40)	4.54 (2.24)	16.30 (4.10)
valor "t	11.52*	13.73*	9.51*	10.90*

Os valores entre parênteses são valores transformados \| *x+0,5* * Significativo ao nível de 5%

Quadro 18. Complexo de pragas sugadoras observado durante a *kharif* 2008-09 em condições protegidas e não protegidas

Tratamentos	População de pragas /três folhas

	Pulgão	Jassid	Thrip	Mosca branca
Protegido (T1)	9.13 (3.10)	1.92 (1.56)	1.85 (1.53)	8.85 (3.06)
Não protegido (T2)	18.27 (4.33)	5.38 (2.42)	6.59 (2.66)	18.62 (4.37)
valor "t	14.28*	9.53*	22.52*	12.06*

Os valores entre parênteses são valores transformados \|x+0,*5* * Significativo ao nível de 5%

Quadro 19 . Resultados agrupados do complexo de pragas sugadoras

Tratamentos	população /três folhas			
	Pulgão	Jassid	Thrip	Mosca branca
Protegido (T1)	8.40 (2.98)	1.84 (1.53)	1.70 (1.48)	8.28 (2.96)
Não protegido (T2)	16.13 (4.08)	5.32 (2.41)	5.57 (2.46)	17.46 (4.24)
valor "t	17.27*	14.77*	17.47*	14.13*

Os valores entre parênteses são valores transformados 'llx+0,*5* * Significativo ao nível de 5%

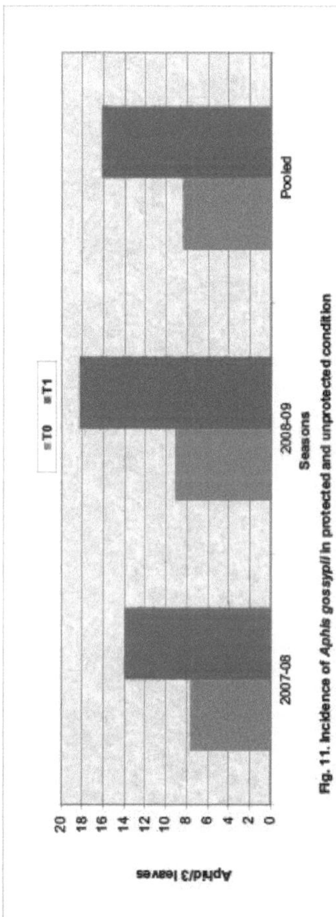

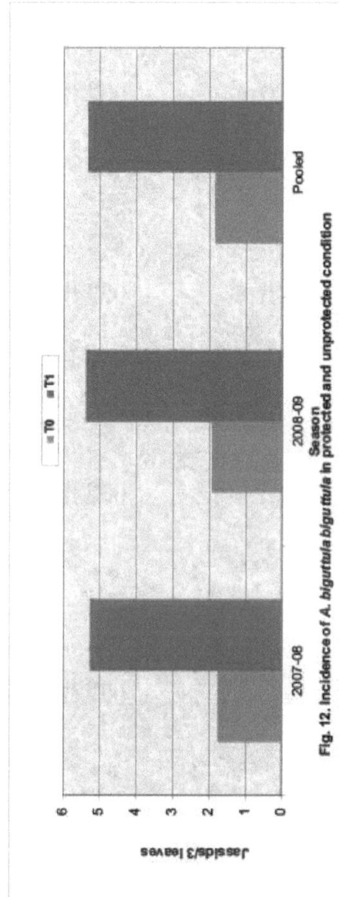

Fig. 11. Incidência de *Aphis gossypii* em condições protegidas e não protegidas
Fig. 12. Incidência de *A. biguttula biguttula* em condições protegidas e não protegidas

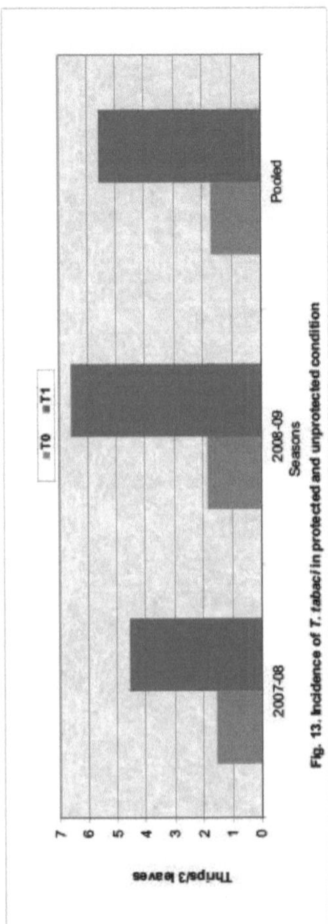

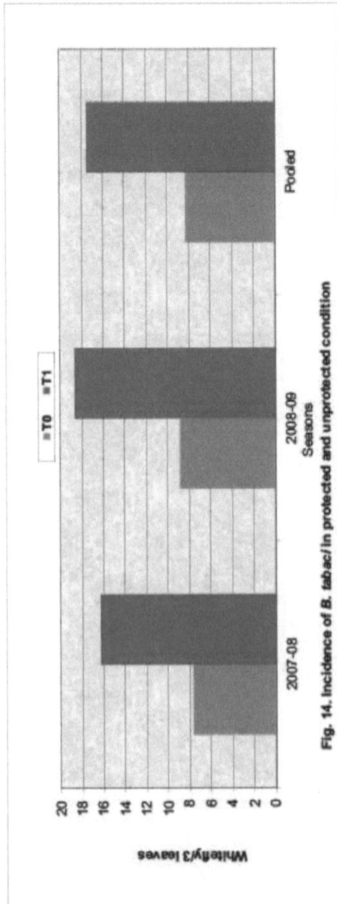

Fig. 13. Incidência de *T. tabaci* em condições protegidas e não protegidas

Fig. 14. Incidência de *B. tabaci* em condições protegidas e não protegidas

Tabela 20. Incidência do escaravelho epilachna durante a *kharif* 2007-08 e 20082009, juntamente com os resultados agrupados observados em condições protegidas e não protegidas

Tratamentos	População por planta		
	Kharif 2007-2008	*Kharif 2008-09*	*Agrupado*
Protegido (Ti)	0.69 (1.01)	1.02 (1.23)	0.86 (1.17)
Não protegido (T2)	1.68 (1.48)	1.98 (1.57)	1.84 (1.53)
valor "t	7.14*	3,68(NS)	6.30*

Os valores entre parênteses são\l $x+0,5$ valores transformados
* Significativo ao nível de 5%.

Tabela 21. Percentagem de danos nos rebentos da broca do rebento e do fruto da brinjal, *L. orbonalis*, observados em 2007-08 e 2008-09, juntamente com os resultados agrupados em condições protegidas e não protegidas

Tratamentos	*Quénia 2007-2008*	*kharif* 2008-09
Protegido (Ti)	0.00 (0.00)	9.17 (17.66)
Não protegido (T2)	0.00 (0.00)	18.26 (25.25)
valor "t	-	12.97*

Os valores entre parênteses são valores angulares transformados * Significativo ao nível de 5%

Tabela 22. Percentagem de danos nos frutos provocados pela broca do rebento e do fruto da brinjal, *L. orbonalis*, observados em 2007-08 e 2008-09, juntamente com os resultados agrupados em condições protegidas e não protegidas

Tratamentos	*colheita 2007-2008*	*colheita* 2008-09	*Agrupado*
Protegido(Ti)	12.17 (20.27)	10.57 (19.00)	11.32 (19.64)
Não protegido (T2)	27.22 (31.44)	22.55 (28.32)	24.89 (29.93)
valor "t	19.15*	17.61*	29.95 *

Números na empresa-mãe heses são angul ar valores transformados
* Significativo ao nível de 5%.

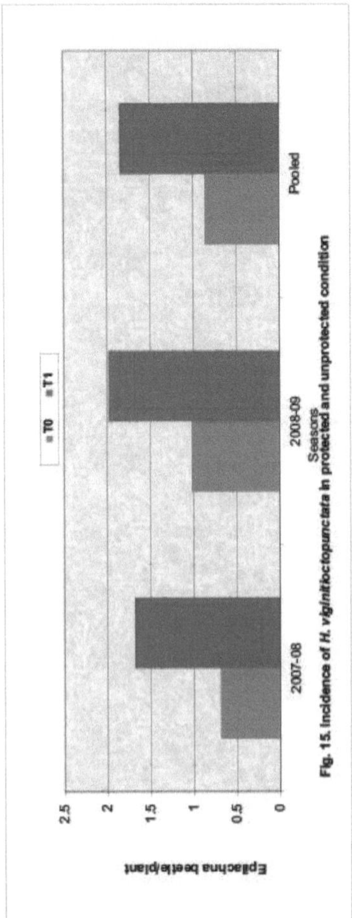

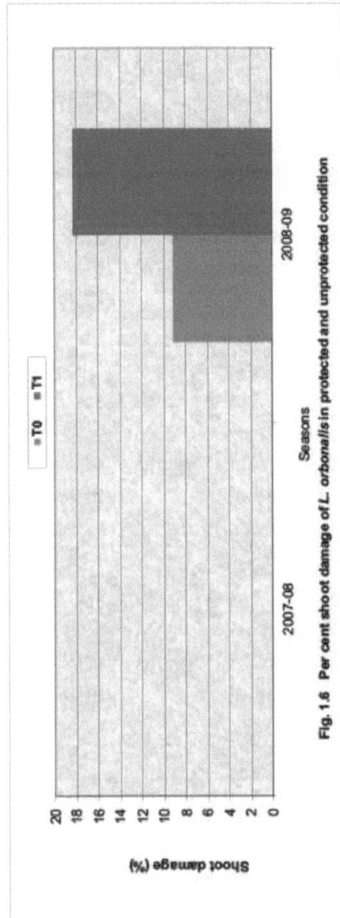

Fig. 15. Incidência de *H. viginitioctopunctata* em condições protegidas e não protegidas

Fig. 1.6 Percentagem de danos nos rebentos de *L. orbonalis* em condições protegidas e não protegidas

registaram menos danos nos frutos em brinjal protegido com carbaryl 0,2 por cento (12,89 por cento) em comparação com não tratado (22,25 por cento). Mathur e Jain (2006) registaram uma menor infestação de rebentos (7,30 por cento) e de frutos (19,94 por cento) em brinjais protegidos com carbaril 0,2 por cento, em comparação com os não tratados, registando 17,31 por cento de rebentos e 38,23 por cento de infestação de frutos. Bhavani *et al.* (2009) mostraram que cinco aplicações de carbaryl 0,15 por cento a partir do início da floração e com um intervalo de 15 dias registaram menos danos nos rebentos (19,94 por cento) e nos frutos (24,88 por cento) em comparação com o controlo não tratado, com 30,10 por cento de rebentos e 49,20 por cento de danos nos frutos. Nemade *et al.* (2007) registaram uma incidência de 2,01 afídeos, 2,07 jassídeos e 1,22 moscas brancas em condições protegidas, em comparação com 10,83, 9,31 e 4,72 em condições não protegidas. Gupta *et al.* (2007) registaram 3,33 jassídeos em condições protegidas em comparação com 11,00 jassídeos por três folhas em condições não protegidas. Os danos nos frutos foram de 5,24 por cento em condições protegidas e 28,20 por cento em condições não protegidas. Zanwar e Wadnerkar (2008) observaram 2,95 tripes, 0,50 pulgões e 0,61 jassídeos em condições protegidas, contra 12,89, 2,12 e 1,72 em condições não protegidas.

4.3.2 Rendimento (q/ha) e perdas

Os dados apresentados no quadro 23 e na figura 18 mostram que foi obtido um rendimento significativamente mais elevado (156,24) em condições protegidas do que em condições não protegidas (65,37), com uma perda evitável de 58,16% na *campanha de* 2007-2008

Durante o *kharif* 2008-2009, foi obtido um rendimento significativamente maior (150,17) em condições protegidas em comparação com condições não protegidas (60,22) com uma perda evitável de 59,89 por cento.

Nos resultados combinados, obteve-se um rendimento significativamente mais elevado (153,21) em condições protegidas do que em condições não protegidas (62,80), mostrando uma perda evitável de 59,01.

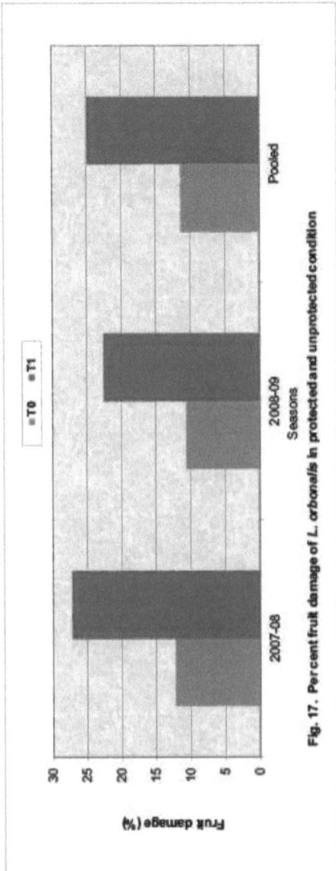

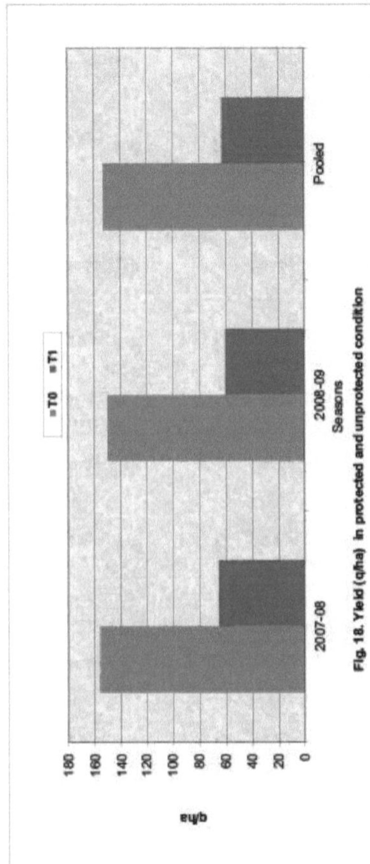

Fig. 17. Porcentagem de danos nos frutos de *L. orbonalis* em ambientes protegidos e não protegidos

Fig. 18. Rendimento (q/ha) em condições protegidas e não protegidas

Quadro 23. Perda de rendimento em brinjal devido às principais pragas de insectos na *kharif* 20072008 e 2008-09, juntamente com os resultados agrupados registados em condições protegidas e não protegidas

Tratamentos	2007-2008		2008-2009		Agrupado	
	Rendimento (q/ha)	Perda evitável %	Rendimento (q/ha)	Perda evitável %	Rendimento (q/ha)	Perda evitável %
Protegido (TI)	156.24		150.17		153.21	
Não protegido (T2)	65.37	56.16	60.22	59.89	62.80	59.01
valor t	79.74*		8.61 *		130.06*	

* Significativo ao nível de 5%.

Singh *et al.* (2000) registaram 21,63% de perdas aparentes devido à broca da fruta. As perdas totais foram de 48,30 por cento, repartidas por 45,90 por cento de perdas evitáveis e 2,40 por cento de perdas inevitáveis. Patel *et al.* (2006) registaram 12,89 por cento de danos nos frutos em condições protegidas e 22,55 por cento em condições não protegidas. Foi obtido um rendimento comercial significativamente mais elevado (40,03 q/ha) em condições protegidas do que em condições não protegidas (20,70 q/ha). Mathur e Jain (2006) registaram um rendimento mais elevado em condições protegidas (205,75 q/ha) em comparação com condições não protegidas (80,69 q/ha). Bhavani *et al.* (2009) registaram um rendimento comercial mais elevado em condições protegidas (243,78q/ha) do que em condições não protegidas (63,46q/ha). As perdas de rendimento da brinjal podem variar devido ao potencial de rendimento inerente às variedades, aos híbridos e aos híbridos Bt.

4.4 Biologia e tabelas de fecundidade de *L. orbonalis*

4.4.1 Biologia de *L. orbonalis*

Os estudos sobre o ciclo de vida de *L. orbonalis* foram efectuados em brinjais durante 2008-09 (quadro 24).

Tabela 24. Duração média das fases de vida (dias) de *L. orbonalis* observada em três gerações

Fases da vida	Primeira geração + SD	Segunda geração + SD	Terceira geração + SD	Média de três gerações	*Gama*
Incubação período	4.2+0.45	5.60+0.55	4.6 +1.14	4.8	4.2-5.6
Período larvar	10.50+0.21	14.03+0.48	12.07+0.4	12.20	10.50-14.3
Período pré-pupal	1.66+0.28	2.40+0.65	2.30+0.27	2.12	1.66-2.40
Por cento pupação	60.85+3.65	65.00+7.19	76.19+4.33	67.35	60.85-6.19
Período pupal	10.30+0.76	8.59^0.13	11.21 + 0.60	10.03	8.59-11.21
Índice de crescimento	5.80	4.63	6.31	5.58	
Percentagem de emergência de adultos	22.60+4.88	67.69+11.09	73.09+2.14	54.46	22.60-73.09
Feminino	31.65+0.71	34.80+0.93	33.19+ 1.15	33.21	31.65-34.80
Masculino	30.21+0.68	32.92+0.83	32.80+1.60	31.98	30.21-32.92
Ciclo de vida	32.09+0.66	36.61+2.22	34.65+0.92	34.45	32.09-6.61

4.4.1.1 Período de incubação

O período médio de incubação na primeira, segunda e terceira geração foi de 4,2 + 0,45, 5,60 + 0,55 e 4,6 + 1,14 dias, respetivamente, com uma média de 4,8 dias e um intervalo de 4,2 a 5,6 dias.

O período de incubação foi de 3-5 dias (Patel e Basu, 1948), 4,87 dias (Lall e Ahmad,

1965), 3-5 dias (Mazumdar, 1970 e Lande, 1976), 3-4 dias (Allam *et al.*, 1982), 4-5 dias (Taley *et al.*, 1984) e 4-5 dias (Jat *et al.*, 2003).

4.4.1.2 Período larvar

Observou-se que a duração média das larvas foi de 10,51 + 0,21, 14,03 + 0,48 e 12,07 + 0,43 dias durante a primeira, segunda e terceira geração, respetivamente, com uma média de 12,20 dias e um intervalo de 10,50 a 14,03 dias.

De acordo com Allam *et al.* (1982), Taley *et al.* (1984), Yin (1993) e Singh e Singh (2003) a duração larvar ocupou 9 a 13, 10 a 20, 6 a 9 e 6,70 a 22 dias, respetivamente. A duração média das larvas foi de 10,37 + 0,17 e 10,84 + 0,41 dias durante a primeira e a segunda geração, respetivamente (Bodkhe, 2004).

4.4.1.3 Período pupal

A duração média da pré-pupa foi de 1,66 + 0,28, 2,40 + 0,65 e 2,30 + 0,27 dias na primeira, segunda e terceira geração, respetivamente, com uma média de 2,12 dias e um intervalo de 1,66 - 2,40 dias. A percentagem de pupas durante as três gerações foi de 60,85 + 3,65, 65,00 + 7,19 e 76,19 + 4,33, respetivamente, com uma média de 67,35 pupas no intervalo de 60,85 a 76,19 por cento. O índice de crescimento mais elevado, de 6,31, foi registado na terceira geração, sendo de 5,80 e 4,63 na primeira e segunda gerações, respetivamente. A duração da pupa foi de 10,30 + 0,76, 8,59 + 0,13 e 11,21 + 0,60 dias na primeira, segunda e terceira geração, respetivamente, com uma média de 10,03 dias e um intervalo de 8,59 a 11,21 dias.

A menor emergência de adultos de 22,60 + 4,88, 67,69 + 11,09 e 73,09 + 2,14 por cento foi observada na primeira, segunda e terceira geração, respetivamente, com uma média de 54,46 por cento e um intervalo de 22,60 a 73,09.

Os períodos pupais de 7 a 12, 10 a 13 e 8 a 15 foram registados por Taley (1984), Baang e Corey (1991) e Yin (1993). Bodkhe (2004) registou uma duração pré-pupal e pupal de 1 a 3 dias e de 10 a 13 dias. Emergência de adultos de 17,30 + 9,22 por cento e 66,92 + 20,41 por cento durante a primeira e segunda geração, respetivamente.

4.4.1.4 Ciclo de vida

A duração média do ciclo de vida (ovo a adulto) foi de 32,09 + 0,66, 36,61 + 2,22 e 34,65 + 0,92 dias na primeira, segunda e terceira geração, respetivamente, com uma média de 34,45 dias e um intervalo de 32,09 a 36,61. A duração do ciclo de vida ocupado pela fêmea foi de 31,65 + 0,71, 34,80 + 0,93 e 33,19 + 1,15 dias na primeira, segunda e terceira geração, com uma média de 33,21 dias e um intervalo de 31,65-34,80 dias. A duração do macho foi de 30,21 + 0,68, 32,92 + 0,83 e 32,80 + 1,60 dias na primeira, segunda e terceira geração, respetivamente, com uma média de 31,98 dias e um intervalo de 30,21 a 32,92 dias.

Allam *et al.* (1982), Jat *et al.* (2003) e Bodkhe (2004) observaram um ciclo de vida de 19 a 29 dias, 20 a 34 dias e 26 a 35 dias, respetivamente, em conformidade com os resultados do presente estudo.

4.4.2 Tabelas de fecundidade de *L. orbonalis* em brinjal

As tabelas de vida-fecundidade de *L. orbonalis* foram construídas para três gerações durante 2008-2009. Foram efectuadas observações sobre a eclosão dos ovos, a mortalidade larvar, pupal e específica da idade das fêmeas e a fecundidade.

4.4.2.1 Tabelas de fecundidade de *L. orbonalis* na primeira geração

Os resultados relativos às tabelas de vida e à fecundidade específica por idade de *L. orbonalis* em brinjal obtidos na primeira geração são apresentados nos quadros 25 a 29.

Os dados apresentados no quadro 25 revelam que, numa coorte de 100 ovos, a sobrevivência de *L. orbonalis* em beringela durante a primeira geração foi de 81, 55, 50 e 50 por cento nas fases de ovo, larva, pré-pupa e pupa, respetivamente. Durante a emergência de ovos para adultos , 5% de traças machos e 6% de traças fêmeas emergiram com sucesso.

Os dados obtidos sobre a tabela de vida e a fecundidade específica por idade de *L. orbonalis* durante a primeira geração estão tabulados no quadro 26 e revelam que a sobrevivência do estádio imaturo (l_x) foi de 0,11 por indivíduo numa idade pivotal de 31 dias em brinjal. O período de pré-oviposição variou de 32 nd a 33 rd dias de idade pivotal. O número de ovos postos por fêmea foi dividido por dois para obter o número de nascimentos de fêmeas (m_x). O número de nascimentos de fêmeas foi mais elevado (82,90) no 2.o dia do período de oviposição e no 35$^{.o}$ dia da idade pivotal. A primeira mortalidade de fêmeas foi registada no $^{35^o}$ dia da idade pivotal. A taxa líquida de reprodução (R_0), que representa o total de fêmeas por fêmea e por geração, foi de 17,01. Assim, a população de *L. orbonalis* foi capaz de se multiplicar 17,01 vezes por geração em brinjal.

Os dados relativos à duração da geração, à taxa intrínseca de aumento do número de indivíduos e à taxa finita de aumento do número de indivíduos (λ) observados em *L. orbonalis* durante a primeira geração são apresentados no quadro 27.

É evidente que a duração média da geração (T_c) e o valor arbitrário para a capacidade inata de aumento do número (r_c) foram de 34,91 dias e 0,081 fêmeas por fêmea por dia. O valor corrigido para a taxa intrínseca de aumento natural (r_m) e o tempo exato de geração (T) foram de 0,083 fêmeas por fêmea por dia e 34,04 dias. A taxa finita de aumento do número (λ) foi de 1,21 fêmeas por fêmea por dia.

Os dados para o cálculo do valor corrigido da taxa intrínseca de aumento do número (r_m) são apresentados no quadro 28. Foram selecionados três valores experimentais da taxa intrínseca arbitrária 'r_m', isto é, 0,08, 0,09 e 0,10, por ordem crescente. Os três valores experimentais de 1144,20, 807,36 e 569,71 foram representados no eixo horizontal contra a respectiva taxa intrínseca arbitrária 'r_m' no eixo vertical. Os pontos obtidos foram unidos para obter uma linha que intersectava um eixo vertical

Tabela 25. Sobrevivência das fases de vida de *L. orbonalis* durante o desenvolvimento da primeira geração

N.º de ovos observados	Números de sobreviventes					
	Período de incubação (0-5 dias)	Larvas Período (6-17 dias)	Período pré-pupal (18-20dias)	Período pupal (21-31 dias)	Adulto	
					Masculino	Feminino
20	18	10	10	10	1	2

20	13	8	8	8	1	1
20	16	13	10	10	1	1
20	17	11	11	11	-	2
20	17	13	11	11	2	-
100	81	55	50	50	5	6

Tabela 26. Tabela de vida e fecundidade específica por idade de *L. orbonalis* na primeira geração

Idade de referência em dias	Sobrevivência de fêmeas de diferentes idades intervalos	Calendário de idade para o parto feminino		
X	lx	mx	lxmx	lxmxX
0-31	0.11	Fases imaturas		
32	0.11	Período de pré oviposição		
33	0.11			
34	0.11	46.42	5.11	173.74
35	0.10	82.90	8.29	290.15
36	0.08	45.17	3.61	129.96
37	0.05	0.00	0.00	0.00
			$S1_x m_x$ (Ro)= 17,01	$E1_x m_x X$= 593,85

Tabela 27. Duração média da geração, capacidade inata de aumento do número e taxa finita de aumento do número observados em *L. orbonalis* durante a primeira geração

Estatísticas de crescimento da população

Duração média da geração

SkmxX

Tc = 34,91 dias

Ro

Capacidade inata de aumentar o número

LogeRo

rc = 0,081 fêmea/fêmea/dia

Tc

Arbitrário rm (rc), 0,08, 0,09, 0,10

Rm corrigido, $\Sigma e^{7-r_m x} l_x m_x$ = 1096.63 0,0833 fêmea/fêmea/dia

Tempo de geração corrigido

Loge Ro

T = 34,04 dias

rm

Taxa finita de aumento do número (λ) λ =

antiloge rm 1.211 fêmeas/fêmea/dia

Tabela 28. Cálculo do rm de *L. orbonalis* pelo método de tentativa e erro na primeira geração

Idade crucial	lxmx	rm=0,08		rm=0,09		rm=0,10	
		$e^{(7-r_m x)}$	$e^{(7-r_m x)}$ lxmx	$e^{(7-r_m x)}$	$e^{(7-r_m x)}$ lxmx	$e^{(7-r_m x)}$	$e^{(7-r_m x)}$ lxmx
32-33	-	-	-	-	-	-	-
34	5.11	72.24	369.15	51.42	262.75	36.60	187.02
35	8.29	66.69	552.83	46.99	389.57	33.12	274.52
36	3.61	61.56	222.23	42.95	155.04	29.96	108.17
37	0.00	0.00	0.00	0.00	0.00	0.00	0.00
Total			**1144.20**		**807.36**		**569.71**

Tabela 29. Distribuição etária estável de *L. orbonalis* na primeira geração

Idade grupo em dias (x)	Sobrevivência de indivíduos em diferentes intervalos de idade (lx)	Idade estável distribuição Lx= lx+(1x+1) / 2	$e^{7-rm(x+1)}$	Lx-$e^{7-rm(x+1)}$	Percentagem de idade distribuição	
0	1	0.99	0.9200	0.9108	11.8456	52,72 Ovos
1	0.97	0.94	0.8465	0.7951	10.3408	
2	0.91	0.89	0.7788	0.6931	9.0142	
3	0.87	0.86	0.7166	0.6162	8.0141	
4	0.85	0.83	0.6593	0.5472	7.1167	
5	0.81	0.81	0.6066	0.4913	6.3897	
6	0.81	0.80	0.5581	0.4464	5.8057	38,83 Larvas
7	0.79	0.77	0.5135	0.3953	5.1411	
8	0.75	0.74	0.4725	0.3496	4.5468	
9	0.72	0.70	0.4347	0.3042	3.9563	
10	0.68	0.68	0.3999	0.2719	3.5362	
11	0.67	0.66	0.3680	0.2428	3.1577	
12	0.65	0.63	0.3386	0.2133	2.7741	
13	0.61	0.60	0.3115	0.1869	2.4307	
14	0.58	0.58	0.2866	0.1662	2.1615	
15	0.58	0.57	0.2637	0.1503	1.9547	
16	0.56	0.56	0.2426	0.1358	1.7661	
17	0.55	0.55	0.2232	0.1227	1.5958	
18	0.54	0.52	0.2054	0.1068	1.3890	3,72 Pré-pupa
19	0.52	0.51	0.1890	0.0963	1.2524	
20	0.50	0.48	0.1738	0.0834	1.0846	
21	0.45	0.43	0.1599	0.0687	0.8934	
22	0.40	0.38	0.1472	0.0559	0.7229	4,34 Pupa
23	0.36	0.35	0.1354	0.0473	0.6151	
24	0.33	0.31	0.1246	0.0386	0.5020	
25	0.29	0.27	0.1146	0.0309	0.4018	
26	0.25	0.24	0.1054	0.0252	0.3277	

27	0.22	0.21	0.0970	0.0203	0.2640	
28	0.20	0.19	0.0893	0.0169	0.2197	
29	0.17	0.16	0.0821	0.0131	0.1703	
30	0.14	0.13	0.0755	0.0098	0.1274	
31	0.13	0.11	0.0695	0.0076	0.0988	
32	0.11	0.11	0.0639	0.0070	0.0910	0,38 Adulto
33	0.11	0.11	0.0588	0.0064	0.0832	
34	0.11	0.11	0.0541	0.0059	0.0767	
35	0.10	0.09	0.0498	0.0044	0.0572	
36	0.08	0.07	0.0458	0.0032	0.0416	
37	0.05	0.05	0.0421	0.0021	0.0273	

linha traçada a partir do valor desejado da equação, ou seja, Σe^{7-rmx} Km = 1096,6 (Birch, 1948 e Watson 1964). O ponto de intersecção deu o valor corrigido da taxa intrínseca (r_m) de 0,0833 fêmea por fêmea por dia.

A contribuição das diferentes fases de desenvolvimento para a distribuição etária estável de *L. orbonalis* durante a primeira geração foi calculada e os dados são apresentados no quadro 29.

Ao atingir uma distribuição etária estável, a população de *L. orbonalis* nas suas várias fases, nomeadamente ovo, larva, pré-pupa, pupa e adulto, distribuiu-se em 52,72%, 38,83%, 3,72%, 4,34% e 0,38%, respetivamente.

4.4.2.2. Tabelas de fecundidade de *L. orbonalis* na segunda geração

Os dados pertinentes sobre a fecundidade de *L. orbonalis* obtidos na segunda geração são apresentados nos quadros 30 a 34.

Os dados apresentados no quadro 30 revelam que, numa coorte de 100 ovos, a sobrevivência de *L. orbonalis* em brinjais durante a segunda geração foi de 100, 65, 65 e 44% nas fases de ovo, larva, pré-pupa e pupa, respetivamente. Durante a fase de criação, desde o ovo até à emergência do adulto, 20 e 24% das traças macho e fêmea emergiram com sucesso.

Os dados sobre a tabela de vida e a fecundidade específica por idade de *L. orbonalis* em brinjal são apresentados no quadro 31. revelaram que a sobrevivência do estádio imaturo (l_x) foi de 0,44 por indivíduo numa idade pivotal de 34 dias. O período de pré-oviposição variou de 33 rd a 34 rd dias de idade pivotal. O número de ovos postos por fêmea foi dividido por dois para obter o número de nascimentos de fêmeas (m_x). Os nascimentos de fêmeas foram mais elevados (55,77) no 1.°dia do período de oviposição e no 35.° dia da idade pivotal. A primeira mortalidade de fêmeas foi registada no 35° dia da idade pivotal. A taxa líquida de reprodução (R_0), que representa o total de fêmeas por fêmea e por geração, foi de 53,97. Assim, a população de *L. orbonalis* foi capaz de se multiplicar 53,97 vezes por geração em brinjal.

O comprimento médio da geração, a taxa intrínseca de aumento do número e a taxa finita de aumento do número (λ) observados em *L. orbonalis* durante a segunda geração são apresentados no quadro 32. É evidente que o comprimento médio

Tabela 30. Sobrevivência das fases de vida de *L. orbonalis* durante o desenvolvimento na segunda geração

N.º de ovos observados	Números de sobreviventes					
	Período de incubação (0-5 dias)	Larvas Período (6-17 dias)	Período pré-pupal (18-20dias)	Período pupal (21-32 dias)	Adulto	
					Masculino	Feminino
20	20	16	16	10	5	5
20	20	10	10	7	3	4
20	20	12	12	8	4	4
20	20	15	15	10	4	6
20	20	12	12	9	4	5
	100	65	65	44	20	24

Tabela 31. Tabela de vida e fecundidade específica por idade de *L. orbonalis* na segunda geração

Pivotal idade em dias	Sobrevivência de fêmeas de diferentes intervalos de idade	Calendário de idade para o parto feminino		
X	lx	mx	lxmx	lxmxX
0-33		Fases imaturas		
34	0.44	Período de pré oviposição		
35	0.42	55.77	23.42	819.70
36	0.37	55.41	20.50	738.00
37	0.28	35.88	10.05	371.85
38	0.20	0.00	0.00	0.00
			Σ^x(Ko)= 53.97	n_xmX= 1929,55

Tabela 32. Duração média da geração, capacidade inata de aumento do número e taxa finita de aumento do número de *L. orbonalis* durante a segunda geração

Estatísticas de crescimento da população

Duração média da geração

$$T_c = \frac{\Sigma l_x m_x X}{R_o} \quad 35.75 \text{ days}$$

dias

Capacidade inata de aumentar o número

$$r_c = \frac{Log_e R_o}{T_c} \quad 0,1115 \text{ fêmea/fêmea/dia}$$

Arbitrário0,143 fêmea/fêmea/dia

Rm corrigido, $\Sigma e^{7-r_m x} l_x m_x$= 1096,63

Tempo de geração corrigido

$$T = \frac{Log_e R_o}{r_m}$$ 27,89 dias

Taxa finita de aumento do número (λ) 1,39 fêmeas/fêmea/dia

Quadro 33. Cálculo do rm de *L. orbonalis* pelo método de tentativa e erro em segunda geração

Idade crucial	lxmx	rm=0,11		rm=0,12		rm=0,13	
		$e^{(7-r_m x)}$	$e^{(7-r_m x)}lxmx$	$e^{(7-r_m x)}$	$e^{(7-r_m x)}lxmx$	$e^{(7-r_m x)}$	$e^{(7-r_m x)}lxmx$
33-34	-	-	-	-	-	-	-
35	23.42	23.34	546.62	16.44	385.02	11.59	271.44
36	20.50	20.91	428.66	14.59	299.09	10.18	208.69
37	10.05	18.73	188.24	12.94	130.05	8.94	89.85
38	0.00	0.00	0.00	0.00	0.00	0.00	0.00
Total			**1163.52**		**814.16**		**569.98**

Tabela 34. Distribuição etária estável de *L. orbonalis* na segunda geração

Faixa etária em dias (x)	Sobrevivência de indivíduos em diferentes intervalos de idade (lx)	Distribuição etária estável Lx= lx+(1x+1) /2	$e^{7-rm(x+1)}$	$Lx \cdot e^{7-r_m(x+1)}$	Distribuição etária em percentagem	
0	1	1	0.8667	0.8667	14.2755	
1	1	1	0.7512	0.7512	12.3731	
2	1	1	0.6511	0.6511	10.7244	
3	1	1	0.5643	0.5643	9.2847	67,75 Ovos
4	1	1	0.4891	0.4891	8.0561	
5	1	1	0.4240	0.4240	6.9837	
6	1	1	0.3675	0.3675	6.0532	
7	1	0.98	0.3185	0.3121	5.1410	
8	0.98	0.95	0.2760	0.2622	4.3188	
9	0.94	0.94	0.2393	0.2249	3.7043	
10	0.94	0.90	0.2074	0.1866	3.0735	
11	0.86	0.86	0.1797	0.1545	2.5448	
12	0.86	0.85	0.1558	0.1324	2.1808	
13	0.83	0.82	0.1350	0.1107	1.8233	
14	0.81	0.79	0.1170	0.0924	1.5219	29,87 Larvas
15	0.77	0.74	0.1014	0.0750	1.2353	
16	0.71	0.71	0.0879	0.0624	1.0278	
17	0.70	0.70	0.0762	0.0533	0.8779	
18	0.70	0.70	0.0660	0.0462	0.7609	
19	0.69	0.69	0.0572	0.0394	0.6489	
20	0.69	0.67	0.0496	0.0332	0.5468	
21	0.65	0.65	0.0430	0.0280	0.4612	

22	0.65	0.65	0.0372	0.0242	0.3986	1,04 Pré-pupa
23	0.65	0.65	0.0323	0.0209	0.3442	
24	0.65	0.65	0.0280	0.0182	0.2997	
25	0.64	0.63	0.0242	0.0152	0.2470	1.18 Pupa
26	0.61	0.60	0.0210	0.0126	0.2075	
27	0.58	0.57	0.0182	0.0104	0.1713	
28	0.56	0.54	0.0158	0.0085	0.1400	
29	0.51	0.51	0.0137	0.0069	0.1137	
30	0.51	0.50	0.0118	0.0059	0.0972	
31	0.48	0.48	0.0102	0.0049	0.0807	
32	0.48	0.46	0.0089	0.0041	0.0675	
33	0.44	0.44	0.0077	0.0034	0.0560	
34	0.44	0.43	0.0067	0.0029	0.0478	0,15 Adulto
35	0.42	0.40	0.0058	0.0023	0.0379	
36	0.37	0.33	0.0050	0.0017	0.0280	
37	0.28	0.24	0.0050	0.0012	0.0198	
38	0.20	0.20	0.0037	0.0007	0.0115	

de geração (T_c) e o valor arbitrário para a taxa intrínseca de aumento natural (r_c) foram 35,75 dias e 0,11 fêmea por fêmea por dia. O valor corrigido para a taxa intrínseca de aumento natural (r_m) e o tempo exato de geração (T) foram 0,143 fêmeas por fêmea por dia e 27,89 dias, respetivamente. A taxa finita de aumento do número (λ) foi de 1,39 fêmeas por fêmea por dia.

O valor corrigido de rm foi determinado a partir dos dados apresentados no quadro 33. Foram selecionados três valores experimentais da taxa intrínseca arbitrária 'r_m', isto é, 0,11, 0,12 e 0,13, por ordem crescente. Os três valores experimentais de 1163,52, 814,16 e 569,98 foram representados no eixo horizontal contra a respectiva taxa intrínseca arbitrária 'r_m' no eixo vertical. Os pontos obtidos foram unidos para obter uma linha que intersectava uma linha vertical traçada a partir do valor desejado da equação, ou seja, Σe^{7-rmx} ixmx = 1096,6 (Birch, 1948 e Watson 1964). O ponto de intersecção deu o valor corrigido da taxa intrínseca (r_m) de 0,143 fêmeas por fêmea por dia.

A contribuição dos diferentes estádios de desenvolvimento para a distribuição etária estável de *L. orbonalis* durante a segunda geração foi calculada e os dados são apresentados no quadro 34. Ao atingir uma distribuição etária estável, a população de *L. orbonalis* nas suas várias fases, nomeadamente ovo, larva, pré-pupa, pupa e adulto, distribuiu-se em 67,75, 29,87, 1,04, 1,18 e 0,15 por cento, respetivamente.

4.4.2.3 Tabelas de fecundidade de *L. orbonalis* na terceira geração

Os dados relativos às tabelas de vida e à fecundidade específica por idade de *L. orbonalis* obtidos na terceira geração são apresentados nos quadros 35 a 39.

Os dados apresentados no quadro 35 revelam que, numa coorte de 100 ovos, a sobrevivência de *L. orbonalis* em brinjais durante a terceira geração foi de 100, 67, 67 e 51% nas fases de ovo, larva, pré-pupa e pupa, respetivamente. Durante a fase de criação desde o ovo até à emergência do adulto, 14 e 17% das traças macho e fêmea emergiram com sucesso.

Os dados sobre a tabela de vida e a fecundidade específica da idade de *L. orbonalis* em brinjal estão tabulados no quadro 36, que revela que a sobrevivência do estádio imaturo (l_x) foi de 0,31 por indivíduo numa idade pivotal de 32 dias em brinjal. O período de pré-oviposição variou entre 33 e 34 dias de idade pivotal. O número de ovos postos por fêmea foi dividido por dois para obter o número de nascimentos de fêmeas (m_x). O número de nascimentos de fêmeas foi mais elevado (40,68) no 2.°dia do período de oviposição, no 36.° dia da idade pivotal. A primeira mortalidade de fêmeas foi registada no 35° dia da idade pivotal. A taxa líquida de reprodução (R_0), que representa o total de fêmeas por fêmea e por geração, foi de 26,33. Assim, a população de *L. orbonalis* foi capaz de se multiplicar 26,33 vezes por geração em brinjal.

A duração média da geração, a taxa intrínseca de aumento do número e a taxa finita de aumento do número (λ) observadas em *L. orbonalis* durante a terceira geração são apresentadas no quadro 37. Verifica-se que a duração média da geração (T_c) e o valor arbitrário da taxa intrínseca de aumento natural (r_c) foram de 35,86 dias e 0,09 fêmeas por fêmea e por dia. O valor corrigido para a taxa intrínseca de aumento natural (r_m) e o tempo exato de geração (T) foram de 0,093 fêmeas por fêmea por dia e 34,30 dias, respetivamente. A taxa finita de aumento do número (λ) foi de 1,02 fêmeas por fêmea por dia.

Os dados para o cálculo do valor corrigido da taxa intrínseca de aumento do número (r_m) são apresentados no quadro 38. Foram selecionados três valores experimentais da taxa intrínseca arbitrária 'r_m', isto é, 0,08, 0,09 e 0,10, por ordem crescente. Estes valores de 1148,01, 802,52 e 561,14 foram representados no eixo horizontal contra a respectiva taxa intrínseca arbitrária 'r_m' no eixo vertical. Os pontos obtidos foram unidos para obter uma linha que intersectava uma linha vertical traçada a partir do valor desejado da equação, ou seja, $\Sigma e^{7\text{-rmx}}\, lxin_x = 1096{,}6$ (Birch, 1948 e Watson 1964). O ponto de intersecção deu o valor corrigido da taxa intrínseca (r_m) de 0,0933 fêmeas por fêmea por dia.

A contribuição dos diferentes estádios de desenvolvimento para a distribuição etária estável de *L. orbonalis* na brinjal durante a terceira geração foi calculada e os dados são apresentados no quadro 39.

Ao atingir uma distribuição etária estável, a população de *L. orbonalis* nas suas várias fases, nomeadamente ovo, larva, pré-pupa, pupa e adulto, foi

Tabela 35. Sobrevivência das fases de vida de *L. orbonalis* durante o desenvolvimento na terceira geração

N.° de ovos observados	Números de sobreviventes					
	Período de incubação (0-5 dias)	Larvas Período (6-17 dias)	Período pré-pupal (18-20dias)	Período pupal (21-31 dias)	Adulto	
					Masculino	Feminino
20	20	11	11	8	2	3
20	20	13	13	10	3	3
20	20	16	16	12	4	3

20	20	15	15	11	3	4
20	20	12	12	10	2	4
	100	67	67	51	14	17

Tabela 36. Tabela de vida e fecundidade específica por idade de *L. orbonalis* na terceira geração

Idade de referência em dias	Sobrevivência de fêmeas em diferentes intervalos de idade	Calendário de idade para o parto feminino		
X	lx	mx	lxmx	lxmxX
0-32	0.31	Fases imaturas		
33	0.31	Período de pré oviposição		
34	0.31			
35	0.29	34.27	9.94	347.9
36	0.25	40.68	10.17	366.12
37	0.21	29.64	6.22	230.14
38	0.14	0.00	0.00	0.00
			$S1_xm_x$ (RO)= 26,33	$S1_{xmxX}$= 944,16

Tabela 37. Duração média da geração, capacidade inata de aumento do número e taxa finita de aumento do número registados em *L. orbonalis* durante a terceira geração

Estatísticas de crescimento da população

Duração média da geração

$$T_c = \frac{\Sigma l_x m_x X}{R_o}$$

35,86 dias

Capacidade inata de aumentar o número

$$r_c = \frac{Log_e R_o}{T_c}$$

0,09 fêmea/fêmea/dia

Arbitrário rm (rc), 0,08, 0,09, 0,100,0933 mulher/fêmea/dia

Rm corrigido, $\Sigma\ e^{7-r_m x} l_x m_x$= 1096.63

Tempo de geração corrigido

$$T = \frac{Log_e R_o}{r_m}$$

34.30 dias

Taxa finita de aumento dos números (λ)

λ = antiloge rm

1,0217 fêmeas/fêmea/dia

Tabela 38. Cálculo do rm de *L. orbonalis* pelo método de tentativa e erro na terceira geração

Pivotal idade	lxmx	rm=0,09		rm=0,10		rm=0,11	
		$e^{(7-r_{m}x)}$	$e^{(7-r_{m}x)}$ lxmx	$e^{(7-r_{m}x)}$	$e^{(7-r_{m}x)}$ lxmx	$e^{(7-r_{m}x)}$	$e^{(7-r_{m}x)}$ lxmx
32-34	-	-	-	-	-	-	-
35	9.94	46.99	467.08	33.12	329.21	23.34	231.99
36	10.17	42.95	436.80	29.96	304.69	20.91	212.65
37	6.22	39.25	244.13	27.11	168.62	18.73	116.50
38	0.00	0.00	0.00	0.00	0.00	0.00	0.00
Total			**1148.01**		**802.52**		**561.14**

Tabela 39. Distribuição etária estável de *L. orbonalis* na terceira geração

Faixa etária em dias (x)	Sobrevivência de indivíduos em diferentes intervalos de idade (lx)	Distribuição etária estável lx=lx+(1x+1)/2	e^{7} rm (x+1)	Lx-e^{7-rm} (x+1)	Distribuição etária em percentagem	
0	1	1	0.9109	0.9109	10.9147	
1	1	1	0.8297	0.8297	9.9400	
2	1	1	0.7558	0.7558	9.0500	45,61 Ovos
3	1	1	0.6885	0.6885	8.2498	
4	1	0.99	0.6271	0.6271	7.4386	
5	0.98	0.97	0.5713	0.5541	6.6394	
6	0.96	0.95	0.5204	0.4943	5.9228	
7	0.93	0.92	0.4740	0.4360	5.9228	
8	0.91	0.91	0.4318	0.3929	5.2243	
9	0.90	0.89	0.3933	0.3500	4.7078	
10	0.87	0.85	0.3583	0.3045	4.1938	
11	0.83	0.82	0.3264	0.2676	3.6486	46,08 Larvas
12	0.81	0.80	0.2973	0.2378	3.2064	
13	0.78	0.77	0.2708	0.2085	2.8494	
14	0.76	0.74	0.2467	0.1823	2.4983	
15	0.72	0.71	0.2247	0.1595	2.1843	
16	0.69	0.68	0.2047	0.1391	1.9111	
17	0.67	0.64	0.1864	0.1192	1.6667	
18	0.61	0.59	0.1699	0.1002	1.4282	
19	0.56	0.54	0.1547	0.0835	1.2006	3,04 Pré-pupa
20	0.51	0.50	0.1409	0.0704	1.0005	
21	0.49	0.48	0.1284	0.0616	0.7381	
22	0.46	0.46	0.1169	0.0537	0.6434	
23	0.45	0.44	0.1065	0.0468	0.5607	
24	0.43	0.43	0.0970	0.0417	0.4996	4,67 Pupa
25	0.42	0.41	0.0884	0.0362	0.4337	
26	0.40	0.39	0.0805	0.0313	0.3750	

27	0.38	0.37	0.0733	0.0271	0.3247	
28	0.36	0.36	0.0668	0.0240	0.2875	
29	0.35	0.34	0.0608	0.206	0.2468	
30	0.33	0.32	0.0554	0.0177	0.2120	
31	0.31	0.31	0.0505	0.0156	0.1869	
32	0.31	0.31	0.0460	0.0142	0.170	
33	0.31	0.31	0.0419	0.0129	0.1545	0,59 Adulto
34	0.31	0.30	0.0381	0.0114	0.1365	
35	0.29	0.27	0.0347	0.0093	0.1114	
36	0.25	0.23	0.0316	0.0072	0.0862	
37	0.21	0.18	0.0288	0.0051	0.0611	
38	0.14	0.14	0.0262	0.0036	0.0431	

distribuídos em 45,61, 46,08, 3,04, 4,67 e 0,59 por cento, respetivamente. Os resultados globais das tábuas de mortalidade obtidas nas três gerações estão de acordo com os resultados registados por Srinivasan e Sunderababu (1998), Patil (2002) e Kumar (2006).

De acordo com Satapathi *et al.* (2006), a taxa líquida de fecundidade (RO) foi mais elevada no verão (9,42) do que no inverno (5,05). As tendências semelhantes da taxa líquida de reprodução (rm) e da taxa intrínseca de aumento (rm) foram 18,89 e 0,1059 no verão e 10,31 e 0,05222 no inverno, respetivamente. A taxa finita de aumento (λ) não foi afetada, mas o tempo médio de geração (T) aumentou abruptamente no inverno (31,023 dias) do que no verão (21-179). O inseto foi capaz de se multiplicar 2,10 vezes por semana no verão e 1,44 vezes no inverno, mas o tempo de duplicação da população ocorreu em uma e duas semanas durante o verão e o inverno, respetivamente.

4.5 Desempenho de híbridos de brinjal Bt e não Bt contra insectos complexo de pragas

4.5.1 População de *A. gossypii* em híbridos de brinjal Bt e não Bt

Pode ser visto na Tabela 40 e na Fig. 19 que durante a *kharif* 2007-2008 a população de pulgões variou de 1,92 a 4,25 pulgões por três folhas. A população de pulgões mais baixa foi registada em MHBJ-99 Bt (1,92), MHB- 39 NBt (2,25) e MHBJ-99 NBt (2,33) do que no híbrido Pusa nº 6 (2,58). MHB- 80 Bt (2,80), MHB 9NBt (2,83), MHB- 39 Bt (2,84), MHB-11 NBt (2,91), MHB- 11 Bt (3,00), MHB- 80 NBt (3,00), MHB- 9 Bt (3,09) e MHB- 4Bt (3,14). MHB- 4 NBt (3,34) e MHB-10 Bt (3,50) registaram uma maior população de afídeos. MHB- 10 NBt registou a maior população de afídeos (4,25).

Durante a *colheita* de 2008-2009, a população de pulgões variou de 4,53 a 13,39 pulgões em três folhas. A menor população de pulgões foi registada em MHB- 39 NBt (4,53) e MHB- 39 Bt (5,50) do que em MHB-4 NBt (6,47), MHB-11 NBt (7,15), MHBJ-99 NBt (7,20) e MHB- 10 Bt (7,72). MHB- 80 NBt (10,50),

Tabela 40. População média de *A. gossypii* observada em híbridos de brinjal Bt e não Bt durante a *kharif* 2007-08 e 2008-09, juntamente com os resultados agrupados

Tratamentos	Pulgões/três folhas		
	2007-2008	*2008-2009*	Agrupado
MHB-4Bt	3.14 (1.91)	11.05 (3.40)	7.10 (2.66)
MHB-4NBt	3.34 (1.96)	6.47 (2.64)	4.91 (2.30)
MHB-9 Bt	3.09 (1.89)	11.20 (3.42)	7.15 (2.66)
MHB-9 NBt	2.83 (1.82)	13.30 (3.71)	8.07 (2.77)
MHB-10 Bt	3.50 (2.00)	7.72 (2.87)	5.61 (2.44)
MHB-10 NBt	4.25 (2.18)	13.04 (3.67)	8.65 (2.93)
MHB-11 Bt	3.00 (1.87)	11.54 (3.47)	7.27 (2.67)
MHB-11 NBt	2.91 (1.85)	7.15 (2.77)	5.03 (2.31)
MHB-39 Bt	2.84 (1.83)	5.50 (2.45)	4.17 (2.14)
MHB-39 NBt	2.25 (1.66)	4.53 (2.24)	3.39 (1.95)
MHB-80 Bt	2.80 (1.82)	13.39 (3.72)	8.10 (2.77)
MHB-80 NBt	3.00 (1.87)	10.50 (3.32)	6.75 (2.60)
MHBJ-99 Bt	1.92 (1.53)	11.60 (3.48)	6.76 (2.51)
MHBJ-99 NBt	2.33 (1.68)	7.20 (2.77)	4.77 (2.23)
Pusa híbrido n.º 6	2.58 (1.75)	13.34 (3.71)	7.96 (2.73)
SE +	0.06	0.11	0.05
CD 5 %	0.20	0.36	0.18

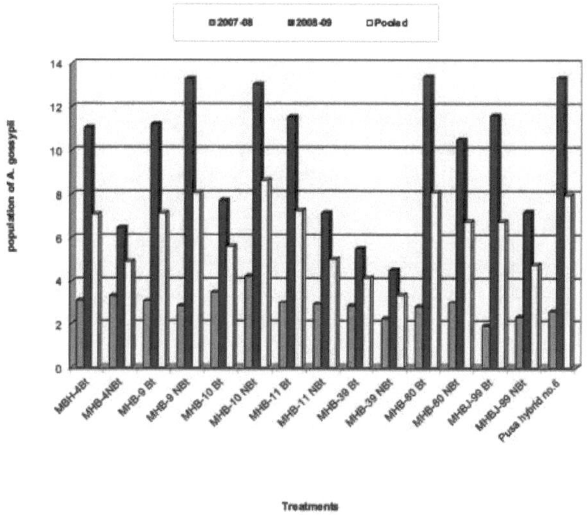

Fig. 19. População média de A *gossypii* observada em híbridos de brinjal Bt e não Bt durante a kharif 2007-08 e 2008-09, juntamente com os resultados agrupados

MHB- 4 Bt (11,05), MHB- 9 Bt (11,20), MHB- 11 Bt (11,54) MHBJ-99 NBt (11,60) e MHB- 10 NBt (13,04) registaram uma população significativamente mais elevada. Em seguida, MHB-9 NBt (13,30), Pusa híbrido nº 6 (13,34) e MHB- 80 Bt (13,39).

Nos resultados combinados, a população de pulgões variou de 3,39 a 8,65 pulgões por três folhas. A população de pulgões significativamente mais baixa foi registada em MHB- 39 NBt (3,39). MHB- 39 Bt (4,17), MHBJ-99 NBt (4,77), MHB-4 NBt (4,91) e MHB-11 NBt (5,03) registaram uma população mais baixa em comparação com MHB-10 Bt (5,61), MHBJ-99 Bt (6,76) e MHB- 80 NBt (6,75). MHB-9 Bt (7.15), MHB-4Bt (7.10), MHB-11Bt (7.27), Pusa hybrid no.6 (7.96), exceto MHB-9NBt (8.07) e MHB 80 Bt (8.10) que registaram uma população mais elevada. O MHB-10 NBt (8,65) registou uma população mais elevada do que os dois híbridos anteriores.

Não existem relatórios disponíveis para complementar esta conclusão. Por conseguinte, as conclusões são discutidas com base nos relatórios disponíveis sobre o algodão.

Udikeri *et al.* (2002), Rao et al. (2002), Bagade *et al.* (2003), Kengegowda *et al.* (2005), Khan (2006), Prasad *et.al.* (2008), Saroja *et al.* (2009) indicaram que não houve diferenças significativas na população de pulgões observada em híbridos de algodão Bt e não Bt.

4.5.2 População de *A. biguttula biguttula* em híbridos de brinjal Bt e não Bt

A Tabela 41 e a Fig. 20 mostram que, durante a *kharif* 2007-2008, a população de jassídeos variou de 1,50 a 3,16 jassídeos por três folhas. O híbrido de Pusa no 6 (1,50), MHBJ-99 NBt (1,89), MHBJ-99 Bt (1,91) registraram menor população de jassídeos do que MHB-39 NBt (2,33), MHB-80 NBt (2,34), MHB-80 Bt (2.45 jassídeos), MHB-10 NBt (2,49), MHB-39 Bt (2,53), MHB-11 NBt (2,58), MHB-10 Bt (2,59), MHB- 4 NBt (2,59), MHB-4 Bt (2,64) e MHB-11 Bt (2,68). MHB-9 Bt (3,03) e MHB-9NBt (3,16) registaram uma população mais elevada.

Tabela 41. População média de *A. biguttulla biguttulla* observada em híbridos de brinjal Bt e não Bt durante a *kharif* 2007-08 e 200809, juntamente com os resultados agrupados

Tratamentos	Jassids/três folhas		
	2007-2008	*2008-2009*	**Agrupado**
MHB-4Bt	*2.64* (1.77)	2.34 (1.68)	2.49 (1.72)
MHB-4NBt	2.59 (1.76)	2.89 (1.84)	2.74 (1.80)
MHB-9 Bt	3.03 (1.88)	3.40 (1.97)	3.22 (2.10)
MHB-9 NBt	3.16 (1.92)	4.64 (2.31)	3.90 (2.10)
MHB-10 Bt	2.59 (1.76)	2.77 (1.81)	2.68 (1.79)
MHB-10 NBt	2.49 (1.73)	2.32 (1.68)	2.41 (1.71)
MHB-11 Bt	2.68 (1.78)	2.75 (1.80)	2.72 (1.79)
MHB-11 NBt	2.58 (1.75)	2.53 (1.74)	2.56 (1.75)
MHB-39 Bt	2.53 (1.74)	2.34 (1.68)	2.44 (1.71)
MHB-39 NBt	2.33 (1.68)	2.29 (1.67)	2.31 (1.67)
MHB-80 Bt	2.45 (1.72)	2.45 (1.72)	2.45 (1.72)
MHB-80 NBt	2.34 (1.68)	3.35 (1.96)	2.85 (1.82)
MHBJ-99 Bt	1.91 (1.55)	3.14 (1.91)	2.53 (1.73)
MHBJ-99 NBt	1.89 (1.54)	2.81 (1.82)	2.35 (1.69)
Pusa híbrido n.º 6	1.50 (1.41)	2.68 (1.78)	2.09 (1.60)

SE +	0.06	0.06	0.05
CD 5%	0.18	0.20	0.18

Os valores entre parênteses são valores transformados 'N x+0,5.

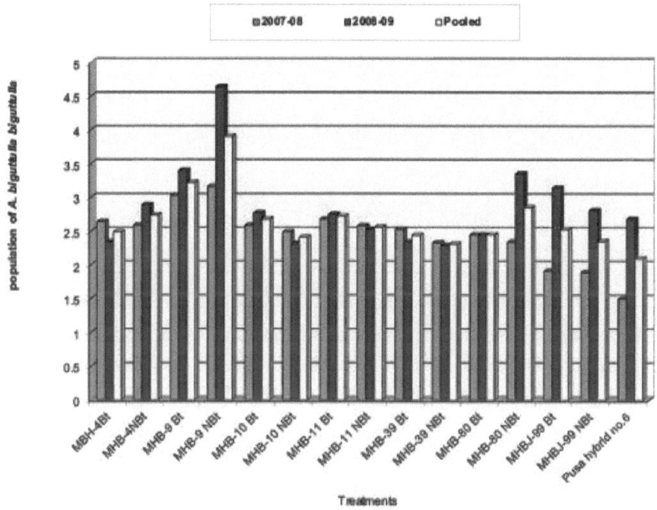

Fig. 20. População média de A *biguttulla biguttulla* observada em híbridos de brinjal Bt e não Bt durante a kharif 2007-08 e 2008-09, juntamente com os resultados agrupados

Durante a *kharif* 2008-2009, a população de jassídeos variou de 2,29 a 4,64 jassídeos por três folhas. MHB-39 NBt (2.29), MHB- 10 NBt (2.32), MHB- 39 Bt (2.34), MHB-4 Bt (2.34), MHB-80 Bt (2.45), MHB-11 NBt (2.53), Pusa hybrid no. 6 (2.68), MHB-11 Bt (2.75), MHB- 10 Bt (2.77), MHBJ-99 NBt (2.81) e MHB-4 NBt (2.89) registaram uma população mais baixa do que MHBJ-99 Bt (3.14), MHB- 80 NBt (3.35) e MHB-9 Bt (3.40). MHB- 9 NBt registou a população mais elevada (4,64).

Nos resultados agrupados, a população de jassídeos variou de 2,09 a 3,90 jassídeos por três folhas. Pusa híbrido no. 6 (2.09), MHB-39 NBt (2.31), MHBJ- 99 NBt (2.35), MHB-10 NBt (2.41), MHB-39 Bt (2.44), MHB-4 Bt (2.49), MHB-80 Bt (2.45), MHBJ- 99 Bt (2,53) e MHB- 11 NBt (2,56) registaram uma população mais baixa do que MHB-10 Bt (2,68), MHB-11 Bt (2,72), MHB-4 NBt (2,74) e MHB- 80 NBt (2,85). MHB-9 Bt (3,22) e MHB-9 NBt (3,90) registaram maior população de jassídeos do que todos os híbridos.

Anónimo (2006) observou diferenças não significativas na população de jassídeos entre híbridos transgénicos, não transgénicos e de controlo de brinjal durante 2004-2005 e 2005-2006, complementando as conclusões do presente estudo.

4.5.3 População de *T. tabaci* em híbridos Bt e não Bt

Os resultados obtidos durante a *kharif* 2007-2008 são apresentados no Quadro 42 e na Fig. 21. É evidente a partir da tabela que a população de tripes variou de 3,00 a 8,40 por três folhas. A população mais baixa foi registada em MHB-10Bt (3.00), MHB-9 Bt (4.00) e MHB-4 NBt (4.20) em comparação com MHB-9 NBt (5.20), MHB-39 NBt (5.20), MHB-39 Bt (5.80), MHB-4 Bt (6.20),MHB- 11NBt (6.80) MHB-80 Bt (6.20), MHB-11 Bt(6.20), MHB- 80 NBt (6.80), MHBJ-99 Bt (7.00), MHBJ 99 NBt (7.20). O híbrido Pusa no. 6 (8.00) e MHB- 10 NBt (8.40) registaram mais tripes do que todos os híbridos.

Tabela 42. População média de *T. tabaci* observada em híbridos de brinjal Bt e não Bt durante a *kharif* 2007-08 e 2008-09, juntamente com os resultados agrupados

Tratamentos	Tripes/três folhas		
	2007-2008	***2008-2009***	**Agrupado**
MHB-4Bt	6.20 (2.59)	8.00 (2.91)	7.10 (2.75)
MHB-4NBt	4.20 (2.17)	8.40 (2.98)	6.30 (2.57)
MHB-9 Bt	4.00 (2.12)	6.20 (2.58)	5.10 (2.35)
MHB-9 NBt	5.20 (2.39)	6.00 (2.55)	5.60 (2.47)
MHB-10 Bt	3.00 (1.85)	5.00 (2.34)	4.00 (2.10)
MHB-10 NBt	8.40 (2.95)	7.20 (2.77)	7.80 (2.87)
MHB-11 Bt	6.20 (2.59)	9.00 (3.08)	7.60 (2.84)
MHB-11 NBt	6.80 (2.70)	9.40 (3.15)	8.10 (2.93)
MHB-39 Bt	5.80 (2.51)	8.40 (2.98)	7.10 (2.75)
MHB-39 NBt	5.20 (2.39)	8.20 (2.95)	6.70 (2.67)
MHB-80 Bt	6.20 (2.59)	7.00 (2.73)	6.60 (2.66)
MHB-80 NBt	6.80 (2.70)	7.60 (2.85)	7.20 (2.78)
MHBJ-99 Bt	7.00	8.00	7.50

	(2.73)	(2.91)	(2.82)
MHBJ-99 NBt	7.20 (2.77)	7.10 (2.75)	7.15 (2.78)
Pusa híbrido n.º 6	8.00 (2.91)	7.60 (2.85)	7.80 (2.88)
SE +	0.15	0.10	0.09
CD 5%	0.45	0.31	0.32

Os valores entre parênteses são valores transformados '-J x+0,5

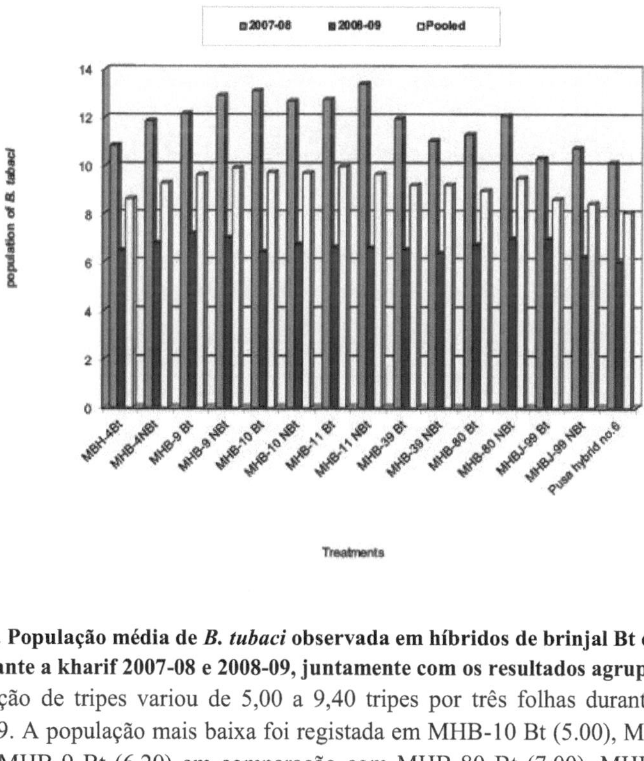

Fig. 22. População média de *B. tubaci* observada em híbridos de brinjal Bt e não Bt durante a kharif 2007-08 e 2008-09, juntamente com os resultados agrupados

A população de tripes variou de 5,00 a 9,40 tripes por três folhas durante a *kharif* 2008-2009. A população mais baixa foi registada em MHB-10 Bt (5.00), MHB-9 NBt (6.00), e MHB-9 Bt (6.20) em comparação com MHB-80 Bt (7.00), MHBJ-99 NBt (7.10), MHB-10 NBt (7.20), MHB-80 NBt (7.60), Pusa hybrid No. 6 (7.60), MHBJ-99 Bt (8.00), MHB-4 Bt (8.00), MHB- 39NBt (8.20), MHB-4 NBt (8.40), MHB- 39 Bt(8.40). O MHB-11 Bt (9,00) e o MHB-11 NBt (9,40) registaram uma população mais elevada de tripes do que todos os híbridos.

Os resultados combinados mostraram que a população de tripes variou de 4,00 a 8,10 por três folhas. A população mais baixa foi registada em MHB- 10 Bt (4,00) e MHB- 9 Bt (5,10) do que em MHB- 9 NBt (5,60), MHB- 4 NBt (6,30), MHB-80 Bt (6,60),

MHB- 39 NBt (6,70), MHB- 4 Bt (7,10), MHB- 39 Bt (7,10), MHBJ-99 NBt (7,10), MHB -80 NBt (7,20). MHBJ 99 Bt (7.50), MHB- 11 Bt (7.60) MHB-10 NBt (7.80), Pusa híbrido No. 6 (7.80) e MHB- 11 NBt (8.10) registaram uma população significativamente mais elevada de thrip do que todos os híbridos.

Não existem relatórios que discutam o desempenho dos híbridos de brinjal Bt contra tripes. Por conseguinte, os resultados são complementados com os relatórios sobre o tripes do algodão. Udikari *et al.* (2002) e Anonymous (2003), Bagade *et al.* (2003), Kengegowda *et al.* (2005), Khan (2006), Rao e Rao (2008), Prasad *et.al* (2008) e Saroja (2009) não mostraram qualquer reação diferencial dos tripes no algodão Bt e no algodão não Bt.

4.5.4 População de *B. tabaci* em híbridos de brinjal Bt e não Bt

Pode concluir-se do Quadro 43 e da Fig. 22 que, durante a *colheita de* 2007-2008, a população de mosca branca variou entre 10,15 e 13,41 moscas brancas por três folhas. O híbrido Pusa no. 6 (10.15), MHBJ-99 Bt (10.33), MHBJ- 99 NBt (10.74), MHB- 4 Bt (10.86), MHB-39 NBt (11.04) e MHB-80 Bt (11.31) registaram uma população mais baixa do que MHB-NBt (11.86), MHB- 39 Bt (11,96), MHB- 80 NBt (12,08), MHB-9 Bt (12,16), MHB- 10 NBt (12,68), MHB- 11 Bt (12,74), MHB- 9 NBt (12,91), MHB-10 Bt (13,10) e MHB- 11 NBt (13,41).

Tabela 43. População média de *B. tabaci* observada em híbridos de brinjal Bt e não Bt durante a *kharif* 2007-08 e 2008-09, juntamente com os resultados agrupados

Tratamentos	Moscas brancas/três folhas		
	2007-2008	***2008-2009***	**Agrupado**
MHB-4Bt	10.86 (3.37)	6.46 (2.63)	8.66 (3.00)
MHB-4NBt	11.86 (3.51)	6.77 (2.69)	9.32 (3.13)
MHB-9 Bt	12.16 (3.56)	7.16 (2.77)	9.66 (3.19)
MHB-9 NBt	12.91 (3.66)	6.98 (2.73)	9.95 (3.23)
MHB-10 Bt	13.10 (3.69)	6.41 (2.63)	9.76 (3.20)
MHB-10 NBt	12.68 (3.63)	6.72 (2.69)	9.72 (13.19)
MHB-11 Bt	12.74 (3.64)	6.60 (2.66)	9.99 (3.24)
MHB-11 NBt	13.41 (3.73)	6.57 (2.66)	9.67 (3.19)
MHB-39 Bt	11.96 (3.53)	6.50 (2.65)	9.23 (3.03)

MHB-39 NBt	11.04 (3.39)	6.35 (2.62)	9.23 (13.19)
MHB-80 Bt	11.31 (3.44)	6.69 (2.68)	9.00 (3.08)
MHB-80 NBt	12.08 (3.55)	6.95 (2.73)	9.52 (3.17)
MHBJ-99 Bt	10.33 (3.29)	6.94 (2.73)	8.64 (3.02)
MHBJ-99 NBt	10.74 (3.35)	6.20 (2.59)	8.47 (3.01)
Pusa híbrido n.º 6	10.15 (3.26)	5.97 (2.54)	8.06 (2.97)
SE +	0.07	0.07	0.05
CD 5%	0.24	0.22	0.18

Os valores entre parênteses são valores transformados de J x+0,5

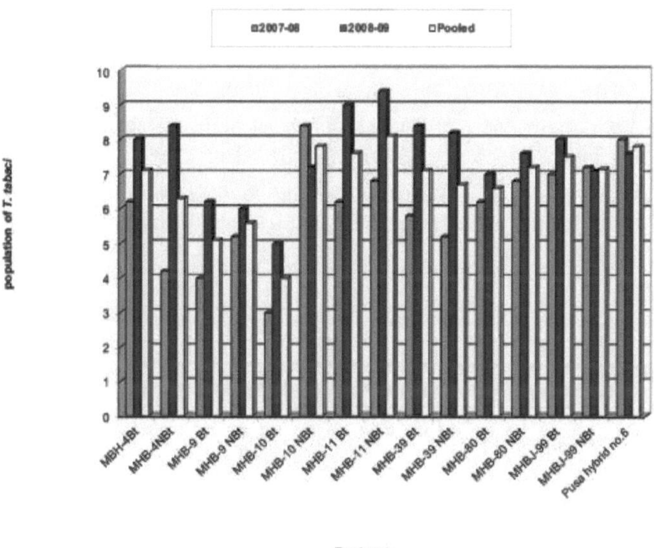

Fig. 21. População média de *T. tabaci* observada em híbridos de brinjal Bt e não Bt durante a kharif 2007-08 e 2008-09, juntamente com os resultados agrupados

A população de mosca branca variou de 5,97 a 7,16 moscas brancas por três folhas durante a *kharif* 2008-2009. Exceto o híbrido Pusa no. 6 (5.97) todos os híbridos MHBJ-99 NBt (6.20), MHB-39 NBt (6.35), MHB-10 Bt (6.41), MHB- 4 Bt (6.46),

MHB-39 Bt (6.50), MHB-11 NBt (6.57), MHB-11 Bt (6.60), MHB-80 Bt (6.69), MHB-10 NBt (6.72), MHB-4 NBt (6.77), MHBJ 99 NBt (6.94), MHB- 80 NBt (6.95) MHB-9 NBt (6.98) e MHB-9 Bt (7.16) registaram uma maior população de moscas brancas.

Os resultados combinados mostraram que a população de mosca branca variou de 8,06 a 9,99 por três folhas. O híbrido Pusa n.º 6 (8,06), MHBJ-99 NBt (8,47), MHB-4 Bt (8,66), MHBJ-99 Bt (8,64), MHB- 39 Bt (8,70), MHB- 80 Bt (9,00) registaram uma população mais baixa do que MHB- 39 NBt (9.23), MHB-4 NBt (9,32), MHB- 80 NBt (9,52), MHB- 9 Bt (9,66), MHB-11 NBt (9,67), MHB-10 NBt (9,72), MHB-10 Bt (9,76), MHB- 9 NBt (9,95) e MHB- 11 NBt (9,99). Estes resultados corroboram os resultados de Anonymous (2006).

4.5.5 População de *H.viginitioctopunctata* em híbridos de brinjal Bt e não Bt

A Tabela 44 e a Fig. 23 mostram que durante a *kharif* 20072008 a população do besouro epilachna variou de 0,50 a 1,65 por planta. MHB- 80 NBt (0.50) e MHB- 9 Bt (0.60) registaram uma população mais baixa do que MHB- 4 NBt (0.80), MHB- 9 NBt (0.80), MHB 39 Bt (0.90) e MHB-10 Bt (1.00). MHB-4 Bt (1.20), MHB-11 Bt (1.20), MHB- 11 NBt (1.20), MHB- 39 NBt (1.30), MHBJ-99 Bt (1.30), MHBJ- 99 NBt (1.35), MHB- 10 NBt (1.40), MHB- 80 Bt(1.40) registaram maior população. O híbrido Pusa nº 6 (1,65) registou a população mais elevada.

Durante a *kharif* 2008-2009, a população do besouro epilachna variou de 0,80 a 3,40 por planta. MHB- 80 NBt (0.80), MHB-9 NBt (0.90), MHB-9 Bt (1.00) e MHB-39 NBt (1.40) registaram uma população mais baixa de escaravelho epilachna do que MHB- 39 Bt (1.80), MHB- 4 NBt (2.10), MHB-10 NBt (2.30) e

Tabela 44. População média de *H. viginitioctopunctata* observada em híbridos de brinjal Bt e não Bt durante a *kharif* 2007-08 e 200809, juntamente com os resultados agrupados

Tratamentos	Escaravelhos/planta		
	2007-2008	*2008-2009*	Agrupado
MHB-4Bt	1.20 (1.30)	3.40 (1.97)	2.30 (1.64)
MHB-4NBt	0.80 (1.14)	2.10 (1.61)	1.45 (1.38)
MHB-9 Bt	0.60 (1.04)	1.00 (1.22)	0.80 (1.13)
MHB-9 NBt	0.80 (1.14)	0.90 (1.18)	0.85 (1.16)
MHB-10 Bt	1.00 (1.22)	2.40 (1.70)	1.70 (1.46)
MHB-10 NBt	1.40 (1.38)	2.30 (1.67)	1.85 (1.53)
MHB-11 Bt	1.20 (1.30)	3.00 (1.87)	2.10 (1.59)

MHB-11 NBt	1.20 (1.30)	3.20 (1.92)	2.20 (1.61)
MHB-39 Bt	0.90 (1.18)	1.80 (1.52)	1.35 (1.35)
MHB-39 NBt	1.30 (1.34)	1.40 (1.38)	1.35 (1.36)
MHB-80 Bt	1.40 (1.38)	2.80 (1.80)	2.10 (1.59)
MHB-80 NBt	0.50 (1.00)	0.80 (1.14)	0.65 (1.07)
MHBJ-99 Bt	1.30 (1.34)	2.90 (1.84)	2.10 (1.59)
MHBJ-99 NBt	1.35 (1.36)	3.00 (1.87)	2.18 (1.62)
Pusa híbrido n.º 6	1.65 (1.47)	3.20 (1.92)	2.43 (1.70)
SE +	0.04	0.08	0.04
CD 5%	0.13	0.24	0.14

Os valores entre parênteses são valores transformados X+0,5

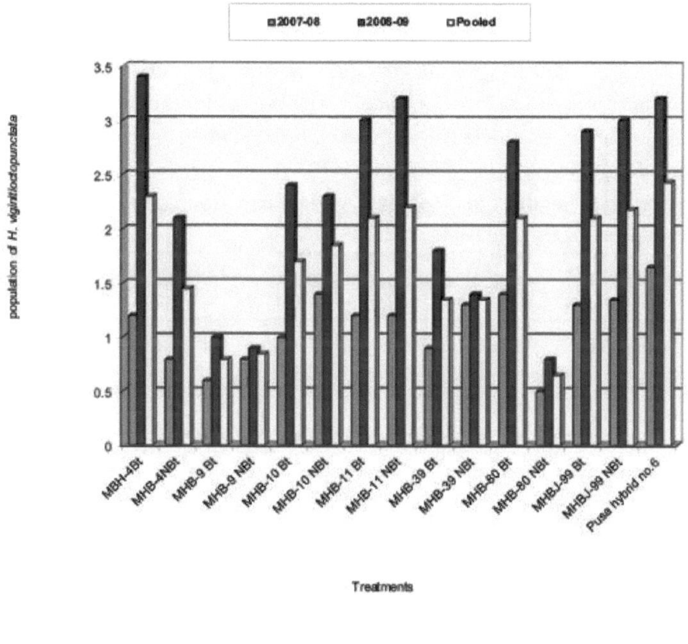

Fig. 23. **População média de *H. viginitioctopunctata* observada em híbridos de**

brinjal Bt e não Bt durante a colheita de 2007-08 e 2008-09, juntamente com os resultados agrupados

MHB- 10 Bt (2,40). Maior população foi registada em MHB- 80 Bt (2.80), MHBJ- 99 Bt (2.90), MHB- 11 Bt (3.00) MHBJ-99 NBt (3.00), MHB-11 NBt (3.20), Pusa hybrid No. 6 (3.20) e MHB- 4 Bt(3.40).

Os resultados combinados mostraram que a população do besouro epilachna variou de 0,65 a 2,43 por planta. MHB-80 NBt (0,65), MHB -9 Bt (0,80) e MHB- 9 NBt (0,85) registaram uma população mais baixa em comparação com MHB-39 NBt (1,35), MHB-39 NBt (1,35), MHB-4 NBt (1,45) e MHB-10 Bt (1,70). MHB-10 NBt (1.85), MHB-11 Bt (2.10), MHB-80 Bt (2.10), MHBJ-99Bt (2.10), MHB-11 NBt (2.20), MHBJ-99 NBt (2.18) e MHB- 4 Bt (2.30) registaram maior população. O híbrido Pusa nº 6 registou a população mais elevada de 2,43. Não existem relatórios disponíveis para discutir o desempenho dos híbridos de brinjal Bt contra o escaravelho epilachna.

4.5.6 Infestação de rebentos de *L. orbonalis* em brinjais Bt e não Bt híbridos

A infestação de rebentos não foi observada durante a *kharif* 2007-2008 (Quadro 45, Fig. 24).

Pode concluir-se que a percentagem de infestação de rebentos da broca se situou entre 0,12 e 14,30 durante a *kharif* 2008-2009. Todos os híbridos de brinjal Bt foram superiores aos seus homólogos não Bt. A infestação de brotos foi menor em MHB- 80 Bt (0,12), MHB- 9 Bt (0,24), MHBJ-99Bt (0,26), MHB- 4 Bt (0,29), MHB- 10 Bt (0.42), MHB- 39 Bt (0,52) e MHB- 11 NBt (0,56) do que MHB- 4 NBt (12,42), MHB-39 NBt (12,64), MHB- 9 NBt (13,25), MHB- 11 NBt (13.64),MHB 10 NBt (13.59), MHB- 80 NBt (13.59), Pusa hybrid no. 6 (13.59) e MHBJ-99 NBt (14.30).(Anonymous 2006), Gulale (2006) observou uma infestação significativamente menor de BSFB durante os seus estudos, apoiando os resultados da presente investigação.

Tabela 45. Infestação de rebentos* de *L. orbonalis* em híbridos de brinjal Bt e não Bt observada na *kharif* 2007-08 e 2008-09

Tratamentos	Percentagem de infestação	
	2007-2008	*2008-2009*
MHB-4Bt	0.00	0.29 (2.92)
MHB-4NBt	0.00	12.42 (20.39)
MHB-9 Bt	0.00	0.24 (2.62)
MHB-9 NBt	0.00	13.25 (21.00)
MHB-10 Bt	0.00	0.42 (3.71)
MHB-10 NBt	0.00	13.59 (21.57)

MHB-11 Bt	0.00	0.56 (4.19)
MHB-11 NBt	0.00	13.64 (21.51)
MHB-39 Bt	0.00	0.52 (4.10)
MHB-39 NBt	0.00	12.64 (20.79)
MHB-80 Bt	0.00	0.12 (1.85)
MHB-80 NBt	0.00	13.59 (21.57)
MHBJ-99 Bt	0.00	0.26 (2.90)
MHBJ-99 NBt	0.00	14.30 (22.15)
Pusa híbrido n.º 6	0.00	13.59 (21.60)
SE +	-	1.96
CD 5%	-	5.92

Valores entre parênteses valores angulares transformados.

*Valores percentuais médios

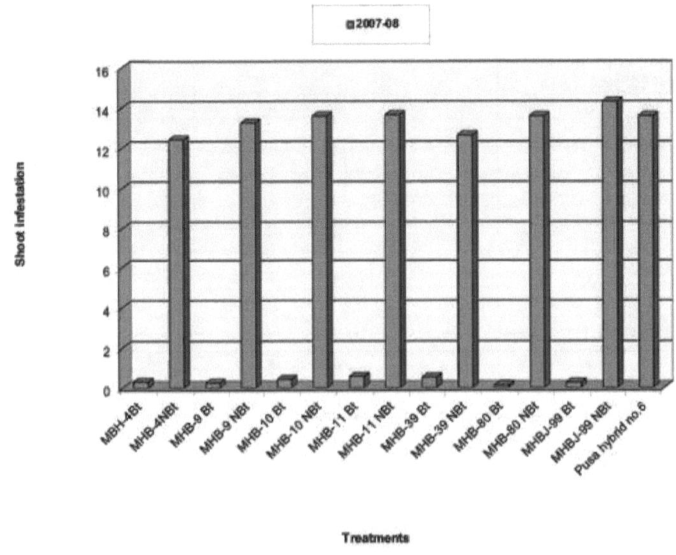

Fig. 24. Infestação de rebentos de *L. orbonalis* em híbridos de brinjal Bt e não Bt observada na quharifa de 2007-08 e 2008-09

4.5.7 Percentagem média de infestação de *L. orbonalis* nos frutos, com base no peso, em híbridos de brinjal Bt e não Bt

O quadro 46 e a figura 25 mostram que, durante a *kharif* 2007-2008, a infestação média de frutos variou de 0,41 a 17,34 por cento. Todos os híbridos de brinjal Bt foram superiores às suas contrapartes não Bt. Foi registada uma menor infestação de frutos no MHB- 9 Bt (0,41), MHB- 39 Bt (0,58), MHBJ-99 Bt (0,61), MHB- 4 Bt (0,72), MHB- 10 Bt (0,82) e MHB- 11 Bt (0,90) do que no MHB- 80 Bt (1,87). MHB-39 NBt (5,77), MHB- 11 NBt (6,44), MHB- 9 NBt (6,69) registaram danos mais elevados nos frutos. MHB-4NBt (7,60) e MHBJ-99 NBt (8,02) foram os próximos na ordem. Eles foram superados pelo MHB-10 NBt (10,09) e pelo híbrido Pusa no. 6 (11,50). MHB-80 NBt (17,34 por cento) registou a infestação mais elevada.

A infestação média de frutos de *L. orbonalis* variou de 4,48 a 33,85 por cento durante a *colheita de* 2008-2009. Todos os híbridos de brinjal Bt foram superiores às suas contrapartes não Bt. Foi registada uma menor infestação de frutos no MHB-10 Bt (4,48), MHB-9 Bt (4,65), MHB-4 Bt (4,89), MHB-80 Bt (5,82), MHB-11 Bt (5,92), MHB-39 Bt (6,21) e MHBJ-99 Bt (6,43), seguido do MHB-39 NBt (23,19). MHB- 9 NBt (23.79), MHBJ-99 NBt (25.93), MHB- 11 NBt (27.68), Pusa hybrid No. 6 (28.06) e MHB- 10 NBt (30.23) registaram maior infestação de frutos. Em seguida, MHB- 80 NBt (32,71) e MHB- 4 NBt (33,85) registaram uma maior infestação de frutos.

Os resultados agrupados indicaram que a infestação de frutos variou de 2,53 a 25,03 por cento. Todos os híbridos de brinjal Bt foram superiores às suas contrapartes não Bt. MHB- 9 Bt (2.53), MHB- 10 Bt (2.65), MHB- 4 Bt (2.81), MHB- 39 Bt (3.40), MHB- 11 Bt (3.41) e MHBJ-99Bt (3.52) exceto MHB- 80 Bt (3.85) registaram danos mais baixos nos frutos em comparação com MHB- 39 NBt (14.48), MHB- 9 NBt (15.24) e MHB-11NBt (17.06). O MHBJ-99 NBt (16,98) apresentou mais danos nos frutos. Em seguida, foram o híbrido Pusa No. 6 (19,78) e MHB- 10 NBt (20,16), MHB- 4 NBt (20,73). A infestação mais elevada foi registada em MHB- 80

Tabela 46. Infestação de frutos* de *L. orbonalis* com base no peso em híbridos de brinjal Bt e não Bt observada durante a *kharif* 2007-08 e 200809, juntamente com os resultados agrupados

Tratamentos	Percentagem de infestação		
	2007-2008	*2008-2009*	Agrupado
MHB-4Bt	*0.72* (4.87)	4.89 (12.70)	2.81 (8.79)
MHB-4NBt	7.60 (15.99)	33.85 (35.57)	20.73 (25.78)
MHB-9 Bt	0.41 (3.65)	4.65 (12.44)	2.53 (8.05)
MHB-9 NBt	6.69 (14.97)	23.79 (29.18)	15.24 (22.08)
MHB-10 Bt	0.82 (5.17)	4.48 (12.19)	2.65 (8.69)
MHB-10 NBt	10.09 (18.51)	30.23 (33.35)	20.16 (25.93)
MHB-11 Bt	0.90 (15.44)	5.92 (14.08)	3.41 (9.57)
MHB-11 NBt	6.44 (14.68)	27.68 (31.74)	17.06 (23.21)
MHB-39 Bt	0.58 (4.32)	6.21 (14.42)	3.40 (9.39)
MHB-39 NBt	5.77 (13.87)	23.19 (28.78)	14.48 (21.31)
MHB-80 Bt	1.87 (7.86)	5.82 (13.95)	3.85 (10.91)
MHB-80 NBt	17.34 (24.59)	32.71 (34.89)	25.03 (29.75)
MHBJ-99 Bt	0.61 (4.42)	6.43 (14.66)	3.52 (9.76)
MHBJ-99 NBt	8.02 (16.42)	25.93 (30.61)	16.98 (25.89)

Pusa híbrido no.6	11.50 (19.81)	28.06 (31.97)	2.43 (1.70)
SE +	0.60	0.40	0.57
CD 5%	1.83	1.22	2.03

Valores entre parênteses valores angulares transformados

*Valores percentuais médios

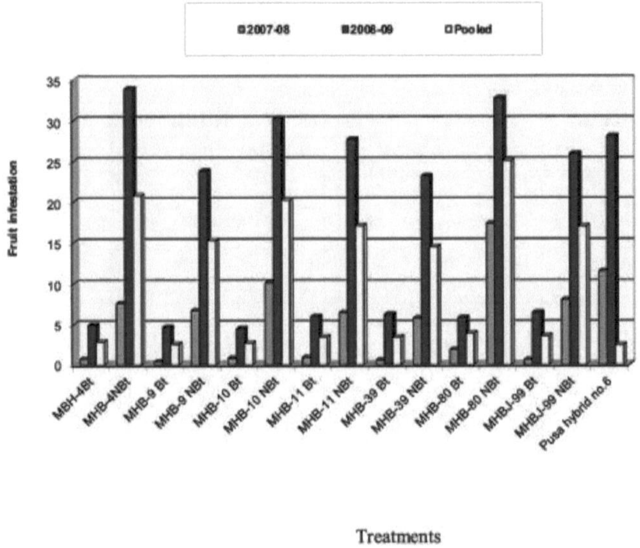

Fig. 25. **Infestação de frutos por Z. *orbonalis*, com base no peso, em híbridos de brinjal Bt e não Bt observados durante a colheita de 2007-08 e 2008-09, juntamente com os resultados agrupados**

NBt (25,03). Anónimo (2006) e Gulale (2006) relataram uma infestação de frutos inferior de 16,02, 27,72 e 27,69 por cento em brinjais transgénicos, em comparação com brinjais não transgénicos e de controlo durante 2004-2005 e 2005-2006, o que corroborou os presentes resultados.

4.5.8 Percentagem média de infestação de frutos por *L. orbonalis*, com base no número de frutos, em híbridos de brinjais Bt e não Bt

A Tabela 47 e a Figura 26 mostram que a infestação de frutos variou de 0,39 a 14,82 por cento durante a *colheita de* 2007-2008. MHB- 9 Bt (0,39), MHB- 39 Bt (0,52), MHBJ-99 Bt (0,60) e MHB-11 Bt (0,69) registaram uma infestação de frutos mais baixa do que MHB- 10 Bt (1,03) e MHB 4 Bt (1,06). Seguiu-se o MHB-80 Bt com 2,06% de infestação de frutos. O MHB- 39 NBt (4,20) e o MHB-11 NBt (5,60) registaram danos mais baixos nos frutos do que o MHBJ-99 NBt (5,72) e o MHB-9

NBt (6,20). Foi seguido pelo MHB-4NBt (7,82) e pelo híbrido Pusa No. 6 (8,78). O MHB-10 NBt registou uma infestação de frutos de 9,66%. A infestação mais elevada foi registada no MHB-80 NBt (14,82).

É evidente que a infestação de frutos variou de 4,72 a 35,42 durante a *kharif* 2008-2009. Menor infestação de frutos foi registada em MHB- 10 Bt (4.72) , MHB- 39 Bt (4.91), MHB- 9 Bt (5.86), MHB- 4 Bt (5.96), MHB- 80 Bt (6.38), MHBJ 99 Bt (6.57) e MHB- 11 Bt (6.71) em comparação com MHB- 39 NBt (24.15) MHB- 9 NBt (25.09), MHBJ-99 NBt (26.81), MHB- 11 NBt (29.29) e Pusa hybrid no. 6 (29.47). MHB- 10 NBt (30.75) MHB- 80 NBt (34.14) e MHB- 4 NBt (35.42) registaram maior infestação de frutos do que todos os outros híbridos.

Nos resultados agrupados, a infestação de frutos variou de 2,72 a 24,48 por cento. MHB- 39 Bt (2,72), MHB- 10 Bt (2,88), MHB- 9 Bt (3,13), MHBJ- 99 Bt (3,59), MHB- 11 Bt (3,70) e MHB- 4 Bt (3,51) registaram uma infestação de frutos inferior à do MHB- 80 Bt (4,22). Seguiram-se o MHB- 39 NBt (14,18) e o MHB- 9 NBt (15,65). Seguiram-se o MHBJ-99 NBt (16,27) e o MHB- 11

Tabela 47. Infestação de frutos* de *L. orbonalis* com base no número de híbridos de brinjal Bt e não Bt observada durante a *kharif* 2007-08 e 2008-09, juntamente com os resultados agrupados

Tratamentos	Percentagem de infestação		
	Kharif 2007-2008	*Kharif 2008-2009*	Agrupado
MHB-4Bt	1.06 (5.85)	5.96 (14.13)	3.51 (9.99)
MHB-4NBt	7.82 (16.21)	35.42 (36.52)	21.62 (26.37)
MHB-9 Bt	0.39 (3.58)	5.86 (14.00)	3.13 (8.79)
MHB-9 NBt	6.20 (14.41)	25.09 (30.05)	15.65 (22.23)
MHB-10 Bt	1.03 (5.80)	4.72 (12.53)	2.88 (9.17)
MHB-10 NBt	9.66 (18.10)	30.75 (33.67)	20.21 (25.89)
MHB-11 Bt	0.69 (4.69)	6.71 (15.00)	3.70 (9.85)
MHB-11 NBt	5.60 (13.69)	29.29 (32.28)	17.45 (22.99)
MHB-39 Bt	0.52 (4.03)	4.91 (12.77)	2.72 (8.40)
MHB-39 NBt	4.20 (11.82)	24.15 (29.42)	14.18 (20.62)
MHB-80 Bt	2.06 (8.25)	6.38 (14.36)	4.22 (11.41)

MHB-80 NBt	14.82 (22.61)	34.14 (35.75)	24.48 (29.18)
MHBJ-99 Bt	0.60 (4.42)	6.57 (14.78)	3.59 (9.60)
MHBJ-99 NBt	5.72 (13.84)	26.81 (31.18)	16.27 (22.51)
Pusa híbrido no.6	8.78 (17.22)	29.47 (32.87)	19.13 (25.05)
SE +	0.55	1.13	0.50
CD 5%	1.65	3.53	1.78

Valores entre parênteses valores angulares transformados
*Valores percentuais médios

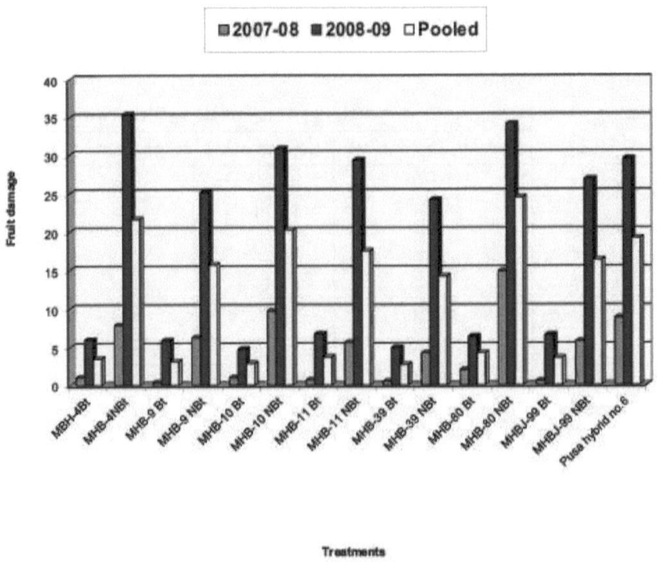

Fig. 26. Danos nos frutos provocados por Z. *orbonatis*, com base no número de frutos, em brinjais Bt e não Bt

NBt (17,45) registando maior infestação. Os híbridos Pusa nº 6 (19,13), MHB-10 NBt (20,21) e MHB- 4 NBt (21,62) apresentaram danos mais elevados do que os híbridos anteriores. O MHB-80 NBt registou a maior infestação de frutos, 24,48%.

Anónimos (2006) e Gulale (2006) relataram menos danos nos frutos da beringela transgénica em comparação com a beringela não transgénica e as linhas de controlo, o que complementa os presentes resultados.

4.5.9 Rendimento de diferentes híbridos de brinjal Bt e não Bt

Pode ser deduzido da Tabela 48 e da Fig. 27 que durante a *kharif* 2007-2008 o rendimento variou de 284,35 a 530,31 q/ha. O rendimento mais elevado foi registado em MHB- 4 Bt (530,31) seguido de MHB- 9 Bt (463,05) e MHB-4 NBt (444,15). MHB- 80 Bt (398,87), MHB- 9 Bt (381,92), MHB- 39 Bt (379,23), MHB- 39 NBt (373,09), MHB-80 NBt (361,68) e MHBJ-99Bt (355.98) registaram maior rendimento do que MHB-11 Bt (324.07) MHB-11 NBt (305.28), MHB 10 Bt (304.64), MHB- 10 NBt (304.57), Pusa hybrid No. 6 (292.64) e MHBJ 99 NBt (284.35).

Durante o *kharif* 2008-2009, o rendimento variou de 274,49 a 589,02 q/ha. O rendimento mais elevado (589,02) foi registado em MHBJ-99Bt seguido de MHBJ- 99 NBt (466,31). MHB- 39 Bt (379.28), MHB- 10 Bt (365.81) e MHB- 80 Bt (341.53) registaram maior rendimento do que MHB-10 NBt (338.31), MHB-11 Bt (336.75), MHB-9 Bt (312.84) e MHB 4 Bt (308.78). MHB-39 NBt (297.23), MHB-11 NBt (295.77), MHB-4 NBt (294.00), MHB-80 NBt (289.90), MHB-9 NBt (288.67) e o híbrido Pusa No. 6 (274.49) registaram menor produção de frutos.

Os resultados combinados indicaram que o rendimento variou de 283,57 a 472,50 q/ha. O maior rendimento foi registado em MHBJ-99 Bt (472,50) e MHB-4 Bt (419,55). Em seguida, foram MHB-9 Bt (387,95), MHB- 39 Bt (379,26), MHBJ-99 NBt (375,33), MHB- 4 NBt (369,08) e MHB- 80 Bt (351,61), que registaram um rendimento mais elevado do que MHB- 80 NBt (344,39 q/ha), MHB- 9 NBt

Tabela 48. Rendimento* de híbridos de Brinjal Bt e não Bt observado durante a *kharif* 200708 e 2008-09, juntamente com os resultados agrupados

Tratamentos	**q/ha**		
	2007-2008	***2008-2009***	**Agrupado**
MHB-4Bt	530.31	308.78	419.55
MHB-4NBt	444.15	294.00	369.08
MHB-9 Bt	463.05	312.84	387.95
MHB-9 NBt	381.92	288.67	335.30
MHB-10 Bt	304.64	365.81	335.23
MHB-10 NBt	304.57	338.31	321.44
MHB-11 Bt	324.07	336.75	330.41
MHB-11 NBt	305.28	295.77	300.53
MHB-39 Bt	379.23	379.28	379.26
MHB-39 NBt	373.09	297.23	335.16
MHB-80 Bt	398.87	341.53	351.61
MHB-80 NBt	361.68	289.90	344.39
MHBJ-99 Bt	355.98	589.02	472.50
MHBJ-99 NBt	284.35	466.31	375.33
Pusa híbrido n.º 6	292.64	274.49	283.57
SE +	17.27	13.28	10.89
CD 5%	52.31	40.21	38.85

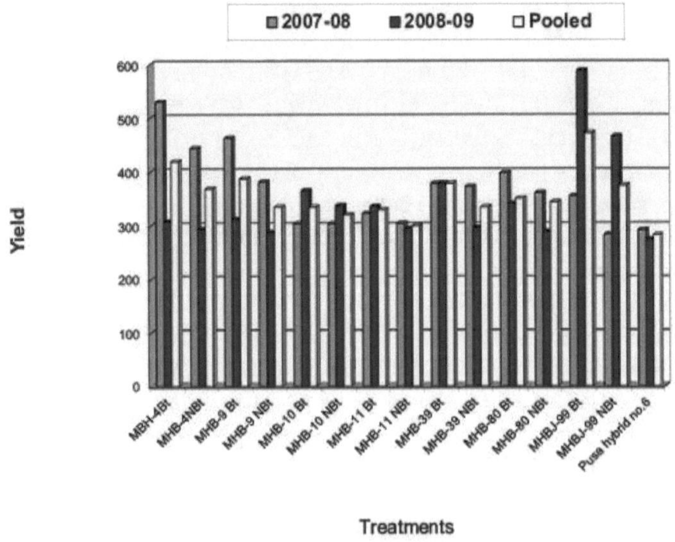

Fig. 27. Rendimento de diferentes híbridos de brinjal Bt e não Bt

(335,30), MHB- 10 Bt (335,23), MHB- 39 NBt (335,16), MHB- 11 Bt (330,41) e MHB- 10 NBt (321,44). A seguir, por ordem, MHB-11 NBt (300,53) e o híbrido Pusa nº 6 (283,57) registaram rendimentos de frutos mais baixos.

As presentes constatações estão em conformidade com as de Anónimo (2006), que registou o rendimento potencial de brinjais transgénicos e não transgénicos em 20042005. Os rendimentos registados pelo brinjal Bt e não Bt foram MHB -4Bt (226,18q/ha), MHB-4 NBt (206,39q/ha), MHB -9 Bt (228,21 q/ha), MHB -9 NBt (177,10 q/ha), MHB -10 Bt (198,45 q/ha), MHB -10 NBt (185.40 q/ha), MHB -80 Bt (359.59 q/ha), MHB-80 NBt (263.56 q/ha), MHB -99 Bt (334.50 q/ha), MHB -99 NBt (280.02 q/ha) e Pusa híbrido no 6 (250.36 q/ha) e Navkiran (249.79/ha) complementando os resultados actuais.

4.5.10 Rendimento comercializável de diferentes híbridos de brinjal Bt e não Bt

O quadro 49 e a figura 28 mostram que o rendimento comercial variou de 255,92 a 523,84 q/ha durante a *colheita de* 2007-2008. O maior rendimento comercializável foi obtido com MHB-4 Bt (523,84), seguido por MHB-9 Bt (460,78) e MHB-4 NBt (408,40). MHB-39 Bt (377.03), MHB- 9 NBt (355.06), MHB- 80 Bt (354.92), MHBJ-99 Bt (352.81) e MHB- 39 NBt (350.56) registaram maior rendimento comercializável do que MHB-80 NBt (337.22). A MHB-11 Bt (321,16) e a MHB-10 Bt (301,14) registaram um rendimento mais elevado do que a MHB-11 NBt (285,62). O MHB-10 NBt (270,78), o híbrido Pusa n.º 6 (258,99) e o MHBJ-99 NBt (255,92) registaram rendimentos comercializáveis inferiores.

Durante a *kharif* 2008-2009, o rendimento comercializável variou de 274,49 a 589,02 q/ha. O maior rendimento comercializável foi obtido com MHBJ-99 Bt (589,02) seguido por MHBJ-99 NBt (466,31). Em seguida, classificaram-se MHB- 39 Bt (379,28), MHB-10 Bt (365,81), MHB- 80 Bt (341,53), MHB- 10 NBt (338,31) e MHB-11 Bt (336,75). O restante dos híbridos, MHB- 9 Bt (312,84), MHB- 4 Bt (308,78), MHB- 39 NBt (297,23). MHB-11 NBt (295,77) MHB-4 NBt

Tabela 49. Rendimento comercial* de híbridos de brinjal Bt e não Bt observado durante a *kharif* 2007-08 e 2008-09, juntamente com os resultados agrupados

Tratamentos	q/ha		
	2007-2008	*2008-2009*	Agrupado
MHB-4Bt	523.84	308.78	416.31
MHB-4NBt	408.40	294.00	351.20
MHB-9	460.78	312.84	386.81
MHB-9NBt	355.06	288.67	321.87
MHB-10 Bt	301.14	365.81	333.48
MHB-10 NBt	270.78	338.31	304.55
MHB-11 Bt	321.16	336.75	328.96
MHB-11 NBt	285.62	295.77	290.70
MHB-39 Bt	377.03	379.28	378.16
MHB-39 NBt	350.56	297.23	323.90
MHB-80 Bt	354.92	341.53	348.23
MHB-80 NBt	337.22	289.90	313.56
MHBJ-99 Bt	352.81	589.02	470.92
MHBJ-99 NBt	255.92	466.31	361.12
Pusa híbrido n.º 6	258.99	274.49	266.74
SE +	8.99	15.53	7.78
CD 5%	27.20	47.04	27.75

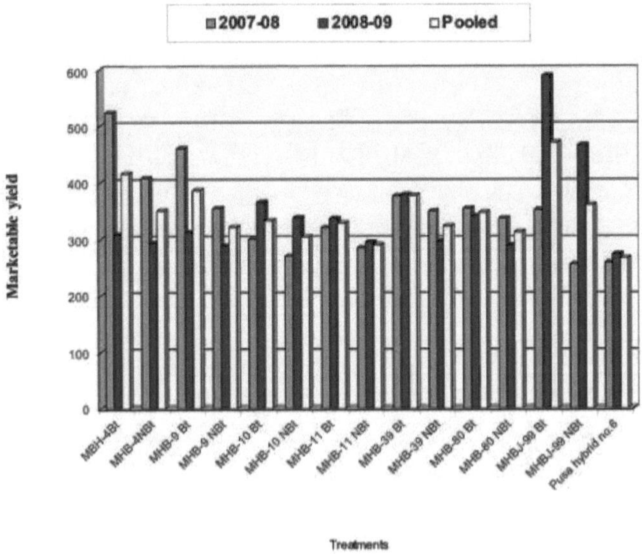

Fig. 28. Rendimento comercializável de híbridos de brinjal Bt e não Bt

(294,00), MHB- 80 NBt (289,90), MHB- 9 NBt (288,67) e o híbrido Pusa nº 6 (274,49) registaram um rendimento comercial mais baixo.

Nos resultados combinados, o rendimento comercializável variou de 266,74 a 470,92 q/ha. O maior rendimento comercializável foi registado em MHBJ-99 Bt (470,92 q/ha) seguido por MHB- 4 Bt (416,31). MHB- 9 Bt (386,81), MHB- 39 Bt (378,16) e MHBJ-99 NBt (361,12) registaram maior rendimento do que MHB-4 NBt (351,20), MHB-80 Bt (348,28), MHB- 10 Bt (333,48) e MHB-11 Bt (328,96). O rendimento mais baixo foi registado em MHB- 39 NBt (323,90) MHB-9 NBt (321,87), MHB- 80 NBt (313,56) e MHB-10 NBt (304,55). O MHB-11 NBt (290,70) e o híbrido Pusa nº 6 (266,74) foram os próximos a registar um rendimento mais baixo.

Os resultados do presente estudo estão de acordo com o estudo de Anónimo (2006), que referiu um rendimento comercial mais elevado na beringela Bt (231,69 q/ha) do que na não Bt (157,08 q/ha) e no controlo (182,15 q/ha).

4.6 Validação de módulos IPM em brinjal

4.6.1 Eficácia dos módulos de proteção integrada contra *A. gossypii*

Pode ser visto na Tabela 50 e na Fig. 29 que a menor população de pulgões em três folhas foi registada no controlo químico (10,28) e no módulo previsto (10,30) do que no módulo MPKV (13,18) e no módulo BIPM (13,59). A população máxima de pulgões foi registada no controlo não tratado (19,79) durante a *kharif* 2008-2009.

Foi observado um padrão semelhante de população de pulgões durante a *colheita* de 2009-2010, com uma incidência de 7,96, 8,03, 11,13, 11,19 e 16,92 pulgões no controlo químico, no módulo previsto, no módulo MPKV, no módulo BIPM e no controlo não tratado, respetivamente. Os resultados combinados apresentaram uma tendência semelhante de incidência de pulgões.

Chakraborti (1999) descobriu que a aplicação de NSKE 5%, bolo de neem @ 250kg/ha e profenofos 50 EC, 375gm a.i./ha foi altamente eficaz em

Tabela 50. População de *A. gossypii em módulos IPM**

Módulo IPM	Pulgões/três folhas		
	2008-09	***2009-10***	**Agrupado**
Módulo MPKV IPM	13.18 (3.69)	11.13 (3.41)	12.16 (3.55)
Módulo previsto	10.30 (3.28)	8.03 (2.92)	9.17 (3.10)
Módulo BIPM	13.59 (3.75)	11.19 (3.42)	12.39 (3.59)
Controlo químico	10.28 (3.28)	7.96 (2.91)	9.12 (3.10)
Controlo não tratado	19.79 (4.50)	16.92 (4.17)	18.36 (4.34)
SE+	0.07	0.08	0.08
CD 5%	0.21	0.26	0.37

Os valores *entre parênteses* são valores transformados de J x+0,5

*Valores médios

Tabela 51. População de *A. biguttula biguttula em módulos MIP**

Módulo IPM	Jassids/três folhas		
	2008-09	***2009-10***	**Agrupado**
Módulo MPKV	2.94 (1.85)	2.54 (1.74)	2.74 (1.80)
Módulo previsto	2.87 (1.83)	1.91 (1.55)	2.39 (1.72)
Módulo BIPM	3.05 (1.88)	2.22 (1.65)	2.64 (1.77)
Controlo químico	1.94 (1.56)	1.92 (1.55)	1.93 (1.56)
Controlo não tratado	6.60 (2.66)	6.72 (2.68)	6.66 (2.67)
SE+	0.05	0.05	0.09
CD 5%	0.17	0.16	0.28

Os valores entre parênteses são valores transformados xlx+0,5

*Valores médios

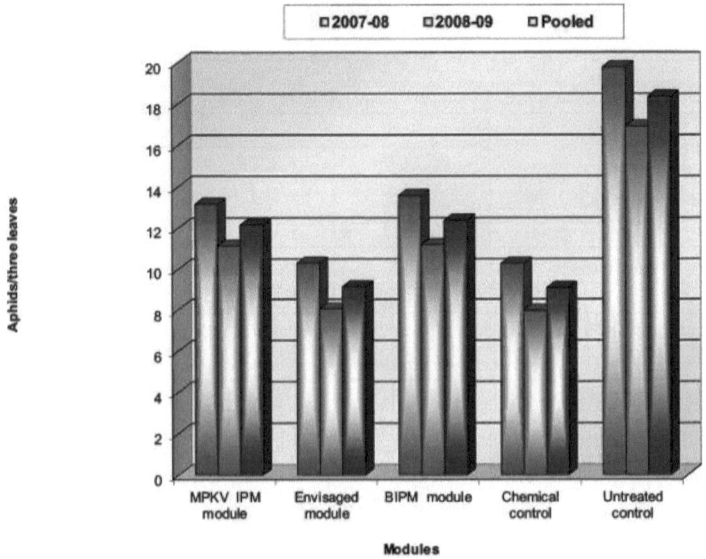

Fig. 29. População de *A. gossypii* nos módulos de MIP

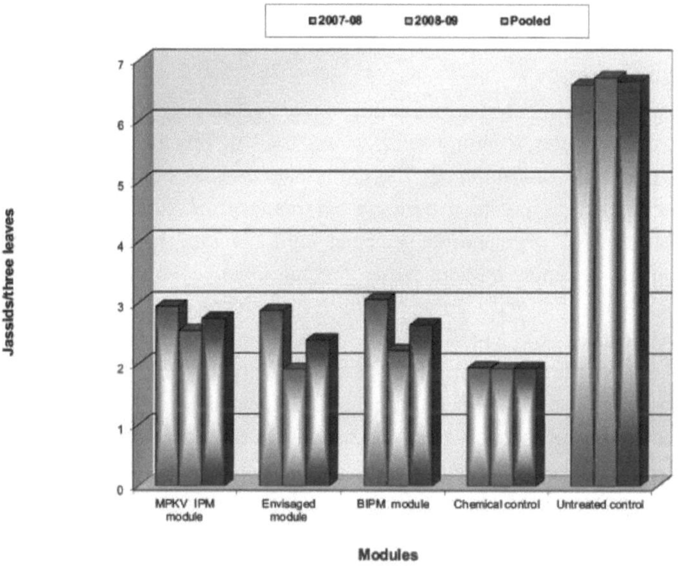

Fig. 30. População de A *biguttula biguttula* em módulos de MIP

reduzindo a população de pulgões. Kadam (2002) relatou que um módulo que incluía a imidaclòprida nas raízes das plântulas, a aplicação de torta de nim @ 250 kg/ha aos 30 DAT, o corte de rebentos a intervalos semanais e a pulverização de 4 por cento de NSE foi eficaz contra pulgões. Bhosale (2004) relatou que o módulo com Td- Imid-NSE- Tc-Imid foi o mais promissor contra pulgões. Sardana *et al.* (2004) relataram que a solarização do solo, o tratamento de sementes com *Trichoderma harzianum*, a instalação de armadilhas de feromonas, a libertação de *Trichogramma chilonis*, a aplicação de bolo de neem @ 250kg/ha, a pulverização de NSKE 4% e imidacloprid 17.8 SL foram eficazes contra os afídeos.

4.6.2 Eficácia dos módulos MIP contra *A. biguttula biguttula*

Pode concluir-se do quadro 51 e da figura 30 que, durante a *kharif* 2008-2009, a população mais baixa de jassídeos por três folhas foi registada no controlo químico (1,94). O módulo MPKV (2,87), o módulo previsto (2,94) e o módulo BIPM (3,05) registaram uma população mais elevada. A população máxima de jassídeos foi registada na testemunha não tratada (6,60).

Os resultados da *kharif* 2009-2010 mostraram que o módulo MPKV (1,91), o controlo químico (1,92) e o módulo BIPM (2,22) tiveram menor incidência de jassídeos do que no módulo previsto (2,54). A incidência máxima de jassídeos foi registada na testemunha não tratada (6,72).

Os resultados combinados mostraram que a população de jassídeos por três folhas foi menor no controlo químico (1,93), no módulo MPKV (2,39), no módulo BIPM (2,64) e no módulo previsto (2,74) do que no controlo não tratado (6,66).

Anónimo (2002b) relatou que um módulo que incluía imidaclopride na raiz @ 1 ml/lit durante 3 horas antes do transplante, corte de rebentos sempre que necessário e pulverizações de NSKE 4 por cento a partir do início da floração, a intervalos quinzenais, era eficaz contra a tremonha. Kadam (2002) referiu que a imidaclopride nas raízes das plântulas, a cultura de barreira, o corte de rebentos a intervalos semanais e a pulverização de endosulfan @ 700 g a.i./ha alternada com cipermetrina @ 100 g a.i./ha foram eficazes contra a tremonha. Sardana *et al.* (2004) observaram que a solarização do solo, tratamento de sementes com *Trichoderma harzianum*, instalação de armadilha de feromonas, libertação de *Trichogramma chilonis*, aplicação de bolo de neem @ 250kg/ha, pulverização de NSKE 5% e imidacloprid 17.8 SL foram eficazes contra os jassídeos. Anonymous (2006) registou uma menor população de jassídeos em parcelas IPM que receberam componentes de cultura de barreira, corte de rebentos, endosulfan 0,07 por cento e cipermetrina 0,01 por cento.

4.6.3 Eficácia dos módulos de proteção integrada contra *T. tabaci*

A partir do Quadro 52 e da Fig. 31, verifica-se que a população de tripes por três folhas foi significativamente mais baixa no controlo químico (2,02), seguida do módulo previsto (2,95). A população de tripes foi maior no módulo MPKV (3,72) e no módulo BIPM (4,02). A população máxima de tripes foi registada no controlo não tratado (7,91) durante a *kharif* 2008-2009.

Foi registada uma população significativamente mais baixa de Thrip no controlo químico (1,93), exceto no módulo previsto (2,53), do que no módulo MPKV (3,35) e no módulo BIPM (3,50) durante a *kharif* 2009-2010. A população máxima de Thrip foi registada no controlo não tratado (5,73).

Os resultados combinados mostraram que a população mais baixa de tripes foi registada no controlo químico (1,98), seguida do módulo previsto (2,74). A população de tripes foi mais elevada no módulo MPKV (3,54) e no módulo BIPM (3,76). A população máxima de tripes foi registada no módulo de controlo não tratado (6,82). Na ausência de relatórios relevantes, os resultados não podem ser discutidos em perspetiva.

4.6.4 Eficácia dos módulos de proteção integrada contra *B. tabaci*

É evidente no Quadro 53 e na Fig. 32 que durante a *kharif* 20082009 foi registada uma população significativamente mais baixa de mosca branca por três folhas no módulo previsto (8,03), no controlo químico (8,08) e no módulo MPKV (9,52).

Tabela 52. População de *T. tabaci nos módulos MIP**

Módulo IPM	Tripes/três folhas		
	2008-09	***2009-10***	**Agrupado**
Módulo MPKV	3.72 (2.05)	3.35 (1.96)	3.54 (2.03)
Módulo previsto	2.95 (1.86)	2.53 (1.73)	2.74 (1.84)
Módulo BIPM	4.02	3.50 (2.00)	3.76 (2.10)

	(2.12)		
Controlo químico	2.02 (1.59)	1.93 (1.54)	1.98 (1.58)
Controlo não tratado	7.91 (2.90)	5.73 (2.49)	6.82 (2.82)
SE+	0.04	0.08	0.04
CD 5%	0.13	0.27	0.18

Os valores entre parênteses são valores transformados de J x+0,5

*Valores médios

Tabela 53. População de *B. tabaci em módulos IPM**

Módulo IPM	Moscas brancas/três folhas		
	2008-09	***2009-10***	**Agrupado**
Módulo MPKV	9.52 (3.15)	9.12 (3.10)	9.32 (3.13)
Módulo previsto	8.03 (2.92)	7.44 (2.81)	7.74 (2.87)
Módulo BIPM	12.87 (3.41)	11.45 (3.45)	12.16 (3.55)
Controlo químico	8.08 (2.93)	7.97 (2.91)	8.03 (2.92)
Controlo não tratado	18.23 (4.33)	15.80 (4.03)	17.02 (4.19)
SE +	0.11	0.11	0.13
CD 5%	0.38	0.39	0.60

Os valores entre parênteses são valores transformados de J x+0,5

*Valores médios

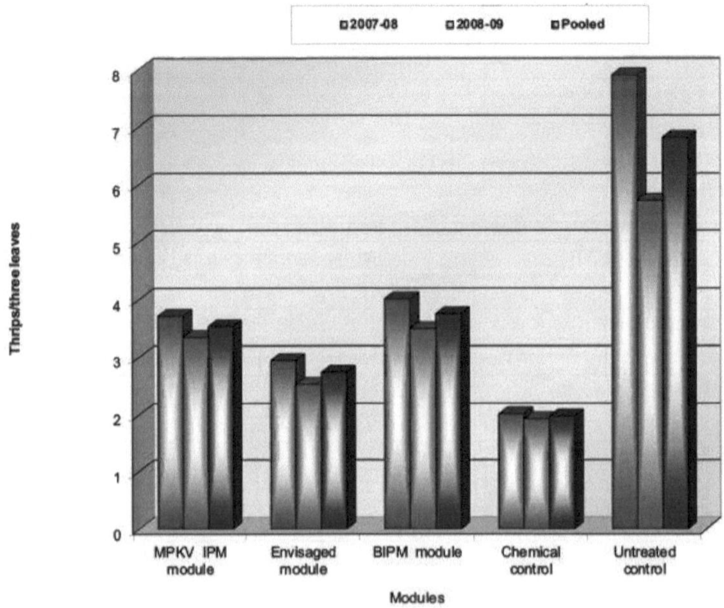

Fig. 31. População de *T. tabaci* nos módulos de MIP

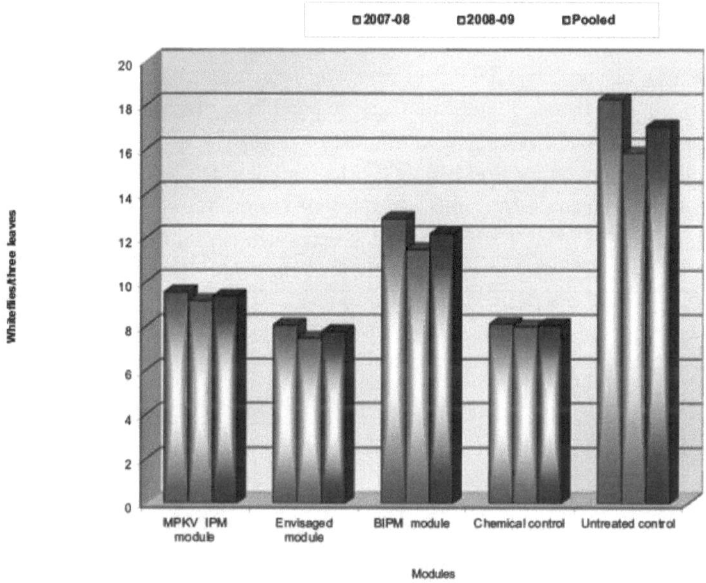

Fig. 32. População de *B. tabaci* nos módulos de MIP

O módulo BIPM registou uma população mais elevada (12,87). A população mais elevada de mosca branca foi registada no controlo não tratado (18,23).

Na *kharif* 2009-2010 foi registada uma população mais baixa no módulo previsto (7,44) controlo químico (7,97) exceto no módulo MPKV (9,12) do que no módulo BIPM (11,45). A população máxima de mosca branca foi registada no controlo não tratado (15,80).

Os resultados agrupados mostraram a tendência semelhante observada na *colheita* de 2009-2010, com 7,74, 8,03, 9,32, 12,16, 17,02 moscas brancas no módulo previsto, no módulo MPKV de controlo químico, no módulo BIPM e no controlo não tratado, respetivamente.

Srinivasan e Sundarababu (2000) relataram que produtos de nim como Neem Azal T/S 3.0 ml/lit, Neem Azal F 1.0 ml/lit, Nimbecidine 1.0 ml/lit, Neem Gold 1.0ml/lit, TNAU Neem product 0.03% EC 1.0 ml/lit, NSKE 10% deram um controlo eficaz de moscas brancas. Kadam (2002) verificou que a imidaclopride nas raízes das plântulas e a pulverização com 4 por cento de NSE foram eficazes contra a mosca branca. Bhosale (2004) sugeriu que um módulo que incluía Td-Imid-NSE-Bt e Td-Imd-NSE-TC-Imid era altamente prometedor contra a mosca branca. Sardana *et al.* (2004) relataram que um módulo que consistia em solarização do solo, tratamento de sementes com *Trichoderma harzianum*, libertação de *Trichogramma chilonis,* aplicação de bagaço de neem, pulverização de NSKE a 5 por cento e instalação de armadilhas amarelas pegajosas era eficaz contra a mosca branca. Anónimo (2006) observou uma população mais baixa de mosca branca num módulo que incluía cultura de barreira, corte de rebentos, endosulfan 0,07 por cento e cipermetrina 0,01 por cento.

4.6.5 Eficácia dos módulos MIP contra *H. viginitioctopunctata*

O quadro 54 e a figura 33 mostram que a população de besouros por planta foi significativamente mais baixa no controlo químico (0,58) e no módulo previsto (0,79) em comparação com o módulo MPKV (1,43) e o módulo BIPM

Tabela 54. População de *H. viginitioctopunctata em módulos MIP**

Módulo IPM	Escaravelhos/planta		
	2008-09	*2009-10*	Agrupado
Módulo MPKV	1.43 (1.39)	1.30 (1.34)	1.37 (1.37)
Previsto módulo	0.79 (1.13)	0.74 (1.11)	0.77 (1.13)
Módulo BIPM	1.89 (1.54)	1.51 (1.42)	1.70 (1.48)
Controlo químico	0.58 (1.04)	0.70 (1.10)	0.64 (1.07)
Controlo não tratado	3.10 (1.90)	2.80 (1.82)	2.95 (1.86)
SE+	0.03	0.03	NS
CD 5%	0.15	0.13	NS

Os valores entre parênteses são valores transformados "J x+0,5

*Valores médios

Tabela 55. Danos nos rebentos* de *L. orbonalis* em módulos IPM

Módulo IPM	Percentagem de danos		
	2008-09	*2008-10*	Agrupado
Módulo MPKV	7.65 (16.03)	5.63 (13.68)	6.64 (14.86)
Módulo previsto	7.11 (15.43)	5.18 (13.15)	6.15 (14.29)
Módulo BIPM	12.87 (21.00)	9.48 (17.92)	11.18 (19.46)
Controlo químico	8.28 (16.70)	6.04 (14.22)	7.16 (15.46)
Controlo não tratado	17.67 (24.83)	13.97 (21.94)	15.82 (23.39)
SE+	0.62	0.38	0.51
CD 5%	1.89	1.17	2.31

Os valores *entre parênteses* são valores angulares transformados

*Valores médios

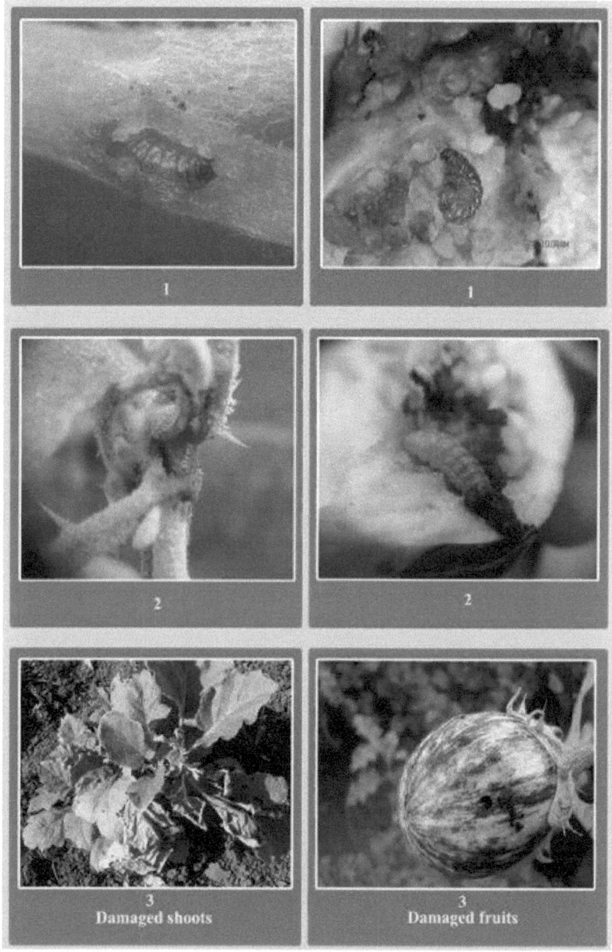

Placa *4.* Infestação de *L. orbonalis*

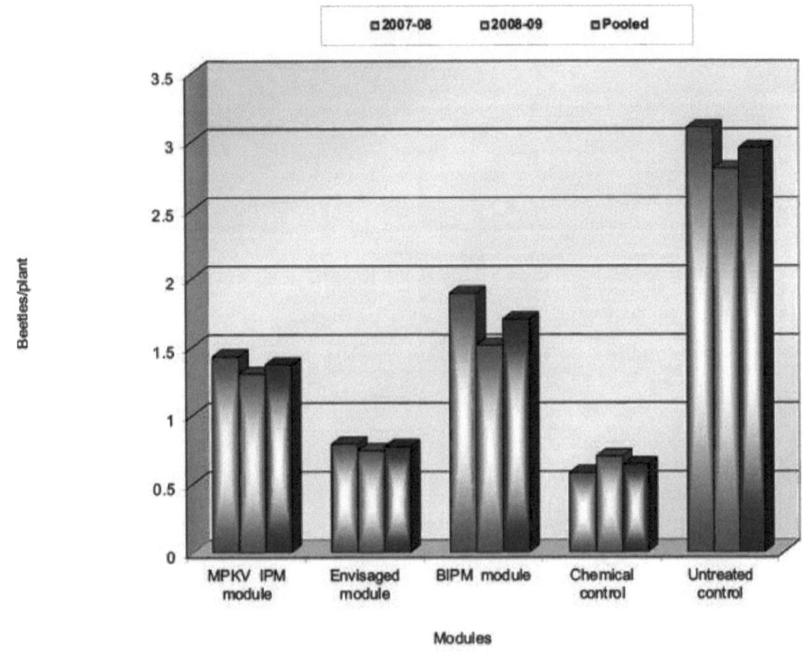

Fig. 33. População de *H. viginitioctopunctata* nos módulos de MIP

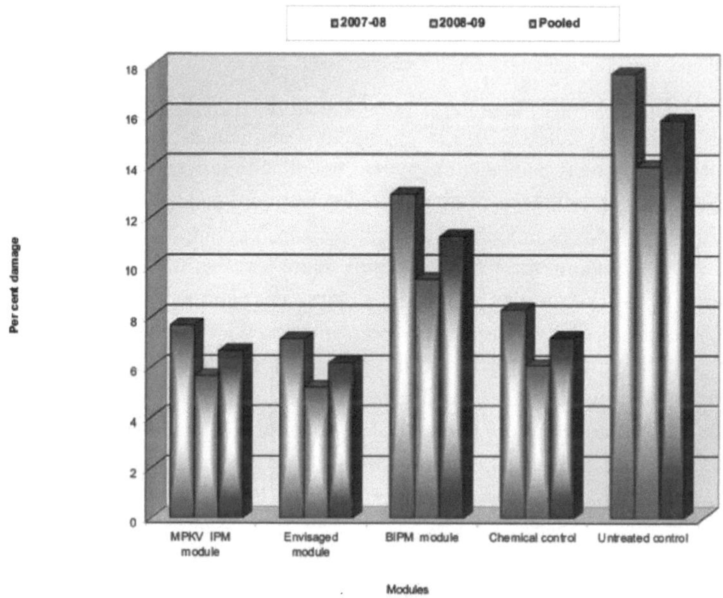

Fig. 34. Danos nos rebentos de *L. orbonalis* em módulos IPM

(1.89). A população máxima do besouro epilachna foi registada no controlo não tratado (3,10).

Durante a *kharif* 2009-2010, foi registada uma tendência semelhante do besouro epilachna no controlo químico, no módulo previsto, no módulo MPKV, no módulo BIPM e no controlo não tratado, com 0,70, 0,74, 1,30, 1,51 e 2,80 besouros, respetivamente.

Os resultados agrupados revelaram diferenças não significativas nos módulos de IPM.

O módulo consiste em solarização do solo, tratamento de sementes com *Trichoderma harzianum,* instalação de armadilha de feromonas, libertação de ovos de *T. chilonis,* aplicação de bolo de neem, @ 250kg/ha. pulverização de NSKE 5 por cento, instalação de armadilhas amarelas pegajosas, recolha e destruição de massas de ovos, larvas e adultos do escaravelho hadda e rebentos e frutos danificados e uma pulverização de imidaclopride 17.Anonymous (2005a) e Sardana *et al.* (2006) notaram uma menor população de escaravelho hadda em parcelas IPM que receberam práticas de recolha e destruição de massas de ovos, larvas e adultos de escaravelho hadda em comparação com parcelas não IPM.

4.6.6 Percentagem de danos nos rebentos de *L. orbonalis* em módulos IPM

Os resultados obtidos durante a *kharif* 2008-09 são apresentados no Quadro 55 e na

Fig. 34. É evidente na tabela que todos os módulos foram significativamente superiores ao controlo não tratado. Os danos nos rebentos foram menores no módulo previsto (7,11), no módulo MPKV (7,65) e no controlo químico (8,28), do que no módulo BIPM (12,87). O dano máximo de 17,67% foi registado na testemunha não tratada.

Uma tendência semelhante de danos nos rebentos foi denotada pelos módulos de IPM durante a *kharif* 2009-2010. No entanto, os danos nos rebentos foram comparativamente mais baixos em todos os módulos do que os observados durante a kharif 2008-09. Os resultados combinados indicaram um padrão semelhante de danos nos rebentos em todos os módulos, incluindo o controlo sem tratamento.

Kadam (2002) avaliou diferentes módulos entre os quais o módulo IPM com imidaclopride nas raízes das plântulas, cultura de barreira, corte de rebentos a intervalos semanais e pulverizações de 4 por cento de NSE registou a menor infestação de rebentos. Singh (2003) relatou que a aplicação foliar de quinalfos com aplicação basal de torta de nim reduziu a incidência da broca. Anônimo (2004) concluiu que a aplicação de Bt (2,0 kg/ha) e a liberação do parasitoide de ovos *Trichogramma* sp. @ 5 lakh/ha foi eficaz contra a broca. Anonymous (2004) relatou que os danos aos brotos foram menores em parcelas de IPM com corte de brotos em intervalos semanais, aplicação de bolo de neem 200kg/ha aos 30 DAT, aplicação foliar de NSKE 4 % em comparação com outros módulos e controle não tratado. Sardana *et al.* (2004) relataram que a instalação de armadilhas com feromonas, a libertação de *T. chilonis, a* aplicação de torta de neem 200kg/ha, a pulverização foliar de NSKE 5% e a destruição de rebentos e frutos infestados ajudam a reduzir os danos nos rebentos da brinjal. Anonymous (2005b) observou que o corte de rebentos danificados seguido da libertação de *T. chilonis* combinado com duas pulverizações de dipel reduziu a infestação de brocas. Anonymous (2005a) relatou a eficácia da liberação semanal do parasitoide de ovos *T. chilonis* @ 5 lakh/ha na redução da infestação da broca. Bhavani *et al.* (2009) relataram um módulo que incluía o corte de brotos em intervalos semanais, aplicação de carboruran 3 G @ 5 g/planta aos 30 DAP, pulverização de profenophos 50 EC @ 0,01 por cento foi eficaz na redução da infestação de brotos.

4.6.7 Percentagem de danos nos frutos de *L. orbonalis* com base no peso

Durante a *kharif* 2008-09, na Tabela 56 e na Fig. 35, os danos mais baixos nos frutos foram registados no módulo previsto em (9,69). O módulo MPKV (12,82) e o módulo BIPM (14,59) apresentaram menores danos nos frutos do que o controlo químico (17,29). Os danos máximos nos frutos foram registados no controlo não tratado (31,53 por cento).

Tabela 56. Danos nos frutos* de *L. orbonalis* com base no peso em módulos IPM

Módulo IPM	P 'er cent danos		
	2008-09	***2009-10***	**Agrupado**
Módulo MPKV	12.82 (20.97)	9.05 (17.49)	10.09 (19.48)
Módulo previsto	9.69 (18.12)	9.53 (17.96)	9.61 (18.04)

Módulo BIPM	14.59 (22.44)	14.23 (22.15)	14.41 (22.30)
Controlo químico	17.29 (24.57)	13.90 (21.87)	15.59 (23.22)
Controlo não tratado	31.53 (34.15)	22.26 (28.14)	26.90 (31.14)
SE+	0.50	0.43	0.41
CD 5%	1.51	1.31	1.89

Os valores entre parênteses são valores angulares transformados
*Valores médios

Tabela 57. Danos nos frutos* de *L. orbonalis*, com base no número de frutos, em módulos IPM

Módulo IPM	Percentagem de danos		
	2008-09	***2009-10***	**Agrupado**
MPKV mo *du* le	13.16 (21.26)	10.11 (18.52)	11.64 (19.89)
Módulo previsto	10.82 (19.17)	11.00 (19.35)	10.91 (19.26)
Módulo BIPM	15.92 (23.50)	15.54 (23.21)	15.73 (23.36)
Controlo químico	19.00 (25.83)	14.80 (22.60)	16.90 (24.22)
Controlo não tratado	33.62 (35.43)	25.10 (30.06)	29.36 (32.75)
SE+	0.80	0.50	0.49
CD 5%	2.46	1.54	2.26

Os valores entre parênteses são valores angulares transformados
*Valores percentuais médios

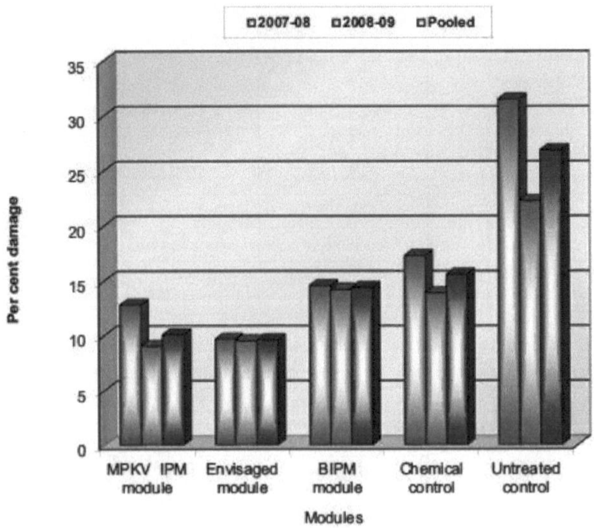

Fig. 35. Danos nos frutos de *L. orbonalis* com base no peso em módulos IPM

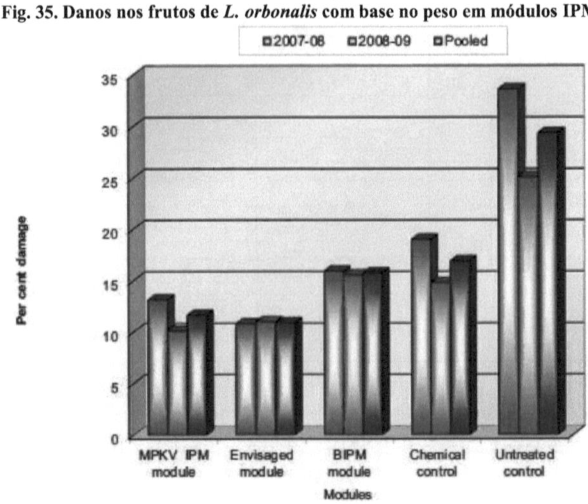

Fig. 36. Danos nos frutos de *L. orbonalis* com base no número de frutos em módulos IPM

Os resultados da *kharif* 2009-2010 indicaram que o módulo MPKV (9,05) e o módulo previsto (9,53) tiveram menos danos nos frutos do que o controlo químico (13,90) e o módulo BIPM (14,23). Os danos máximos nos frutos foram observados no controlo não tratado (22,26 por cento).

Os resultados combinados mostraram um padrão semelhante de danos nos frutos, como observado na *kharif* 2009-10, com 9,61, 10,09, 14,41, 15,59 e 26,90 danos nos frutos no módulo previsto, no módulo MPKV, no módulo BIPM, no controlo químico e no controlo não tratado, respetivamente.

Kadam (2002) relatou que o módulo IPM com imidacloprid nas raízes das mudas, aplicação de torta de nim @ 250 kg/ha, corte de brotos em intervalos semanais e pulverizações de 4 por cento de NSE foi altamente eficaz na redução dos danos aos frutos de *L. orbonalis*. Singh (2003) relatou que a aplicação foliar de qinalphos com aplicação basal de torta de nim 250kg/ha reduziu significativamente os danos aos frutos. Anonymous (2004) constatou que a aplicação de ICAR BT (2,0 kg/ha) e a libertação de ovos do parasitoide *T. chilonis* foram eficazes para reduzir os danos nos frutos. De acordo com Anonymous (2004), o módulo IPM, que inclui cultura de barreira de milho, corte de rebentos a intervalos semanais e pulverização de NSKE a 5%, foi melhor para reduzir os danos nos frutos. Sardana *et al.* (2004) relataram que a instalação de uma armadilha de feromonas, libertação de *T. chilonis,* aplicação de bolo de neem, pulverização foliar de 250kg/ha de 5 % NSKE e recolha e destruição de rebentos e frutos afectados ajudaram a reduzir os danos nos frutos. Anónimo (2005b) observou que o corte dos rebentos danificados seguido da libertação de *T. chilonis* combinada com duas pulverizações de dipel reduziu os danos da broca nos frutos. Anonymous (2005a) registou que o corte de rebentos danificados seguido da libertação do parasitoide de ovos *T. chilonis* em intervalos semanais proporcionais aos danos nos rebentos e com duas pulverizações de dipel reduziu significativamente os danos nos frutos. De acordo com Bhavani *et al.(*2009) o corte de rebentos a intervalos semanais e a pulverização de carbaryl @ 0,15 por cento foram promissores contra a broca dos rebentos e dos frutos, o que ajudou a reduzir os danos nos frutos.

4.6.8 Percentagem de danos nos frutos de *L. orbonalis* com base no número

É evidente no Quadro 57 e na Fig. 36 que os danos mais baixos nos frutos foram registados no módulo previsto (10,82) e no módulo MPKV (13,16) em comparação com o módulo BIPM (15,92) e o controlo químico (19,00). A percentagem máxima de danos nos frutos foi registada no módulo de controlo não tratado (33,62) durante a *kharif* 2008-2009.

Os resultados da *kharif* 2009-2010 mostraram que foram registados menores danos nos frutos no módulo MPKV (10,11) e no módulo previsto (11,00) em comparação com o controlo químico (14,80) e o módulo BIPM (15,54). Os danos máximos nos frutos foram registados na testemunha não tratada (25,10).

Os resultados combinados indicaram um padrão semelhante com 10,91, 11,64, 15,73, 16,90 e 29,36 danos nos frutos no módulo previsto, no módulo MPKV, no módulo BIPM, no controlo químico e no controlo não tratado, respetivamente.

Kadam (2002) relatou que o módulo IPM com imidacloprid nas raízes das plântulas, aplicação de bolo de neem @ 250 kg/ha, corte de rebentos a intervalos semanais e pulverizações de 4 por cento de NSKE foi eficaz na redução dos danos nos frutos. Singh (2003) descobriu que a aplicação foliar de quinalphos com aplicação basal de bolo de neem 200kg/ha foi eficaz. Anonymous (2004) concluiu que o módulo IPM que consiste na cultura de barreira de milho, no corte de rebentos a intervalos semanais e na pulverização de NSKE foi melhor na redução dos danos nos frutos. Sardana *et al.* (2004) relataram a eficácia de um módulo que incluía a instalação de armadilhas com feromonas, libertação de *T. chilonis,* aplicação de bolo de neem 250kg/ha, aplicação foliar de NSKE 5 por cento e recolha e destruição de rebentos e frutos afectados, reduzindo os danos nos frutos. Anónimo (2005a) observou que o corte de rebentos danificados seguido da libertação de ovos do parasitoide *T. chilonis* em intervalos semanais proporcionais aos danos nos rebentos e duas pulverizações de dipel são muito eficazes na redução dos danos nos frutos. Bhavani *et al.* (2009) relataram que o corte de rebentos em intervalos semanais, a aplicação de carbofurano 3 G @ 5 g/planta aos 30 DAP, a pulverização de profenofos 50 EC @ 0,01 foram eficazes na redução dos danos nos frutos.

4.6.9 População de aranhas nos módulos MIP

Pode inferir-se do Quadro 58 e da Fig. 37 que foi registada uma população significativamente mais elevada de aranhas por planta na testemunha não tratada (2,47) e no módulo BIPM (2,13), em comparação com o módulo MPKV (1,62) e o módulo previsto (1,60). A população mínima de aranhas foi registada no controlo químico (0,85).

Na *kharif* 2009-2010, observou-se uma maior população de aranhiço no controlo não tratado (2,20) e no módulo BIPM (1,95) em comparação com o módulo MPKV (1,35) e o módulo previsto (1,20). A população mínima de aranhas foi registada no controlo químico (0,70).

Os resultados agrupados apresentaram um padrão semelhante com 2,34, 2,04, 1,49, 1,40 e 0,78 aranhas no controlo não tratado, no módulo BIPM, no módulo MPKV, no módulo previsto e no controlo químico, respetivamente. Sardana *et al.* (2004) e Anónimo (2004) referiram que a aplicação do módulo GIP ajudou a conservar os inimigos naturais no ecossistema da brinjeira.

4.6.10 População de chrysopa em módulos de IPM

É evidente no Quadro 59 e na Fig. 38 que a população por planta significativamente mais elevada foi registada no controlo não tratado (2,03). O módulo BIPM (1,90) e o módulo MPKV (1,85) registaram mais crisopídeos do que o módulo previsto (1,23). Os crisopídeos mais baixos foram observados no controlo químico (0,53) durante a *kharif* 2008-2009.

Durante a *kharif* 2009-2010, a população de crisopídeos foi mais elevada na testemunha não tratada (2,00), no módulo BIPM (1,85), exceto no módulo MPKV (1,80), do que no módulo previsto (1,20). A população mínima de crisopa foi registada na testemunha química (0,58).

Tabela 58. População de aranhas* em módulos IPM

Módulo IPM	Aranhas/planta		
	2008-09	*2009-10*	Agrupado
Módulo MPKV	1.62 (1.45)	1.35 (1.36)	1.49 (1.37)
Módulo previsto	1.60 (1.45)	1.20 (1.30)	1.40 (1.32)
Módulo BIPM	2.13 (1.62)	1.95 (1.56)	2.04 (1.56)
Controlo químico	0.85 (1.16)	0.70 (1.09)	0.78 (1.10)

Controlo não tratado	2.47 (1.72)	2.20 (1.64)	2.34 (1.65)
SE+	0.07	0.03	0.03
CD 5%	0.23	0.10	0.13

Os valores entre parênteses *são* valores transformados *de J x+0,5*
*Valores médios

Tabela 59. População de chrysopa* em módulos IPM

Módulo IPM	Crisopa/planta		
	2008-2009	***2009-10***	**Agrupado**
Módulo MPKV	1.85 (1.53)	1.80 (1.51)	1.83 (1.52)
Previsto módulo	1.23 (1.31)	1.20 (1.30)	1.22 (1.31)
Módulo BIPM	1.90 (1.55)	1.85 (1.53)	1.88 (1.54)
Controlo químico	0.53 (1.01)	0.58 (0.96)	0.56 (0.99)
Controlo não tratado	2.03 (1.59)	2.00 (1.58)	2.02 (1.59)
SE+	0.04	0.07	0.06
CD 5%	0.13	0.22	0.28

Os valores entre parênteses são valores transformados de -J x+0,5
*Valores percentuais médios

Placa 5. Inimigos naturais

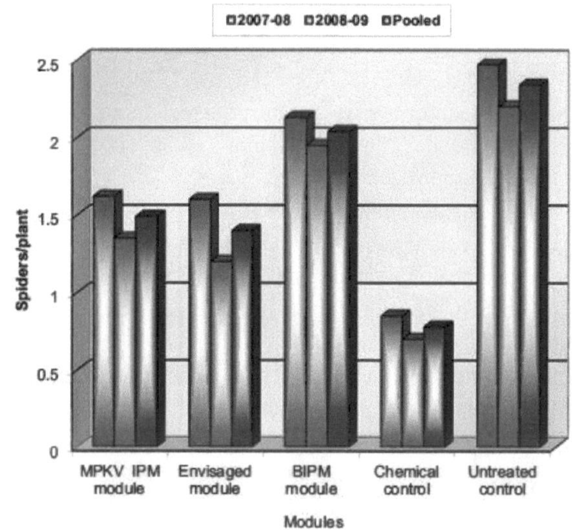

Fig. 37. População de aranhas nos módulos MIP

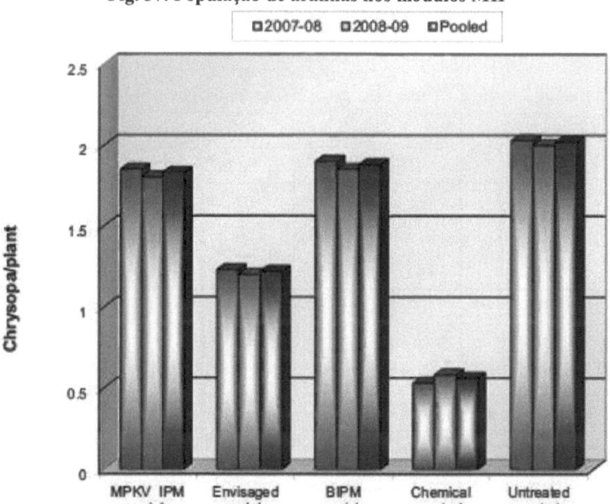

Os resultados combinados mostraram que todos os módulos, nomeadamente o controlo não tratado, o módulo BIPM, o módulo MPKV e o módulo previsto, suportaram uma população significativamente mais elevada de crisopa, ou seja, 2,02, 1,88, 1,83 e 1,22, e estavam ao mesmo nível. A população mínima de crisopa foi registada no controlo químico (0,56).

Anónimo (2004) referiu que a aplicação do módulo IPM ajudou a conservar os inimigos naturais no ecossistema da brinjal. Anonymous (2005) mostrou que a tecnologia IPM para a cultura de brinjal compreendendo a criação de viveiros saudáveis, usando solarização do solo, mistura de *Trichoderma* junto com FYM, aplicação de bolo de neem @ 250 kg/ha, montagem de poleiros de pássaros @ 10 / acre, instalação de armadilhas delta, coleta e destruição de brotos e frutos afetados pela broca, pulverização de NSKE 5%, liberação de *T. brasiliensis* e pulverização intermitente de produtos químicos na cultura principal foram muito eficazes contra pragas e grande acúmulo de inimigos naturais, como coccinelídeos, Chrysopa e aranhas predadoras nos campos de MIP.

4.6.11 População de escaravelho no módulo IPM

É evidente no quadro 60 e na figura 39 que a população de escaravelhos por planta foi mais elevada na testemunha não tratada (8,87), no módulo BIPM (8,12) e no módulo MPKV (8,00) do que no módulo previsto (6,13) e na testemunha química (4,93) durante a *colheita de* 2008-2009.

Durante a *kharif* 2009-2010, foi registada uma população significativamente mais elevada de coccinelídeos no controlo não tratado (7,25). O módulo BIPM (7,00) e o módulo MPKV (6,85) registaram uma população mais elevada do que o módulo previsto (5,12). A população mais baixa foi registada no controlo químico (3,05).

Os resultados combinados mostraram que a população de coccinelídeos foi mais elevada no controlo não tratado (8,06), no módulo BIPM (7,56) e no módulo MPKV (7,43) do que no módulo previsto (5,63). A população mínima de joaninhas foi registada no controlo químico (3,99).

Quadro 60 . População de *Coccinella spp. nos módulos MIP**

Módulo IPM	Coccinella/planta		
	2008-09	***2009-10***	**Agrupado**
Módulo MPKV	8.00 (2.91)	6.85 (2.71)	7.43 (2.75)
Módulo previsto	6.13 (2.57)	5.12 (2.37)	5.63 (2.41)
Módulo BIPM	8.12 (2.93)	7.00 (2.74)	7.56 (2.77)
Controlo químico	4.93 (2.33)	3.05 (1.88)	3.99 (1.96)
Controlo não tratado	8.87 (3.05)	7.25 (2.78)	8.06 (2.83)
SE+	0.09	0.04	0.04
CD 5%	0.28	0.13	0.18

Os valores entre parênteses são valores transformados "J x+0,5

*Valores médios

Tabela 61. Rendimento* em módulos IPM

Módulo IPM	q/ha		
	2008-09	***2009-2010***	**Agrupado**
Módulo MPKV	175.45	176.00	175.73
Módulo previsto	176.40	178.90	177.65
Módulo BIPM	170.45	168.45	169.45
Controlo químico	176.29	179.11	177.70

Controlo não tratado	80.47	84.51	82.49
SE+	1.03	0.91	0.99
CD 5%	3.32	2.72	4.56

*Valores médios

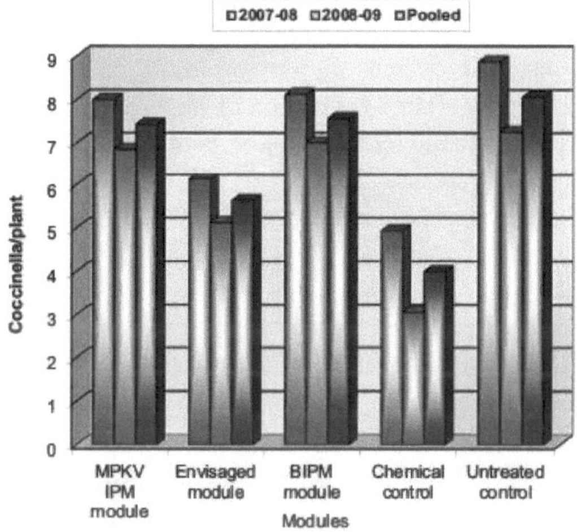

Fig. 39. População de Coccinella spp. nos módulos MIP

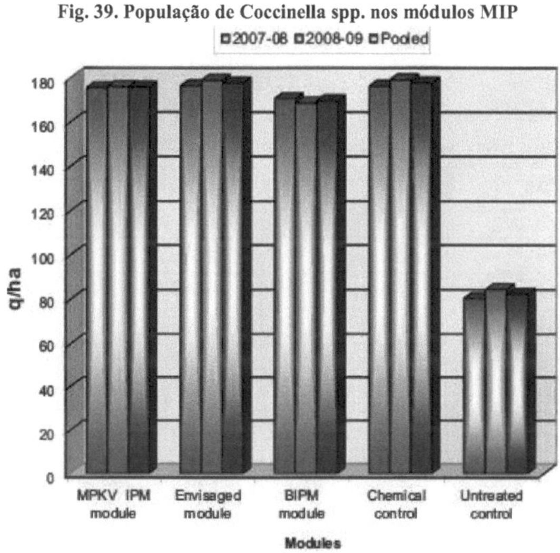

Fig. 40. Rendimento em módulos IPM

Anónimos (2004) e (2005a) referiram que a aplicação do módulo de GIP ajudou a conservar os inimigos naturais no domínio da GIP no ecossistema da beringela.

4.6.12 Rendimento (q/ha)

É evidente a partir da Tabela 61 e da Fig. 40 durante a *kharif* 2008-2009 foi obtido um rendimento significativamente mais elevado no módulo previsto (176,40), controlo químico (176,29) e módulo MPKV (175,45) do que no módulo BIPM (170,45). O controlo sem tratamento registou o rendimento mais baixo (80,47).

Durante a *kharif* 2009-2010, foi obtido um rendimento significativamente mais elevado no controlo químico (179,11) e no módulo previsto (178,90) do que no módulo MPKV (176,00). Em seguida, foi o módulo BIPM (168,45) seguido pelo controlo não tratado (84,51).

Os resultados combinados indicaram um padrão semelhante ao *da colheita de 2009-2010*, com um rendimento de 177,70, 177,65, 175,73, 169,45 e 82,49 q/ha no módulo de controlo químico previsto, no módulo MPKV, no módulo BIPM e no controlo não tratado, respetivamente.

Os resultados do presente inquérito estão em conformidade com Kadam (2002), Singh (2003), Sardana *et al.* (2004), Anónimo (2004), Anónimo (2005), Sardana *et al.* (2006) e Singh *et al.* (2008).

4.6.13 Rendimento comercializável (q/ha)

É evidente a partir do Quadro 62 e da Fig. 41 que foi obtido um rendimento comercial significativamente mais elevado no módulo previsto (156,31) e no módulo MPKV (153,21) do que no controlo químico (145,30) e no módulo BIPM (142,58). O rendimento mínimo comercializável foi registado no controlo não tratado (55,10) durante a *kharif* 2008-2009.

Durante a *kharif* 2009-2010, foi obtido um maior rendimento comercial com o módulo previsto (162,32), o módulo MPKV (160,00) e o controlo químico (154,20) do que com o módulo BIPM (150,12). O rendimento comercial mais baixo foi registado no controlo não tratado (65,21).

Tabela 62. Rendimento comercializável* em módulos IPM

Módulo IPM	q/ha		
	2008-2009	***2009-2010***	**Agrupado**
Módulo MPKV	153.12	160.00	156.56
Módulo previsto	156.31	162.32	159.32
Módulo BIPM	142.58	146.32	144.45
Controlo químico	145.30	154.20	149.75
Controlo não tratado	55.10	65.21	60.16
SE+	1.59	2.80	2.94
CD 5%	5.52	8.54	10.79

*Valores médios

Os resultados combinados mostraram que o rendimento comercial mais elevado foi maior em

(159,32), módulo MPKV (156,56) e controlo químico (149,75) do que o módulo BIPM (144,45). O rendimento mínimo comercializável foi registado na testemunha não tratada (60,16 q/ha).

Bhosle (2004) relatou que Td-NSE-Bt-Tc-NSE deu o maior rendimento comercializável em comparação com outros módulos e com o controlo não tratado.

Anonymous (2004) registou um rendimento comercial mais elevado nas parcelas IPM, em comparação com a testemunha não tratada. Os resultados da presente investigação também estão em conformidade com Kadam (2002), Singh (2003), Sardana *et al.* (2004), Anonymous (2004), Anonymous (2005c), Sardana *et al.* (2006) e Singh *et al.* (2008).

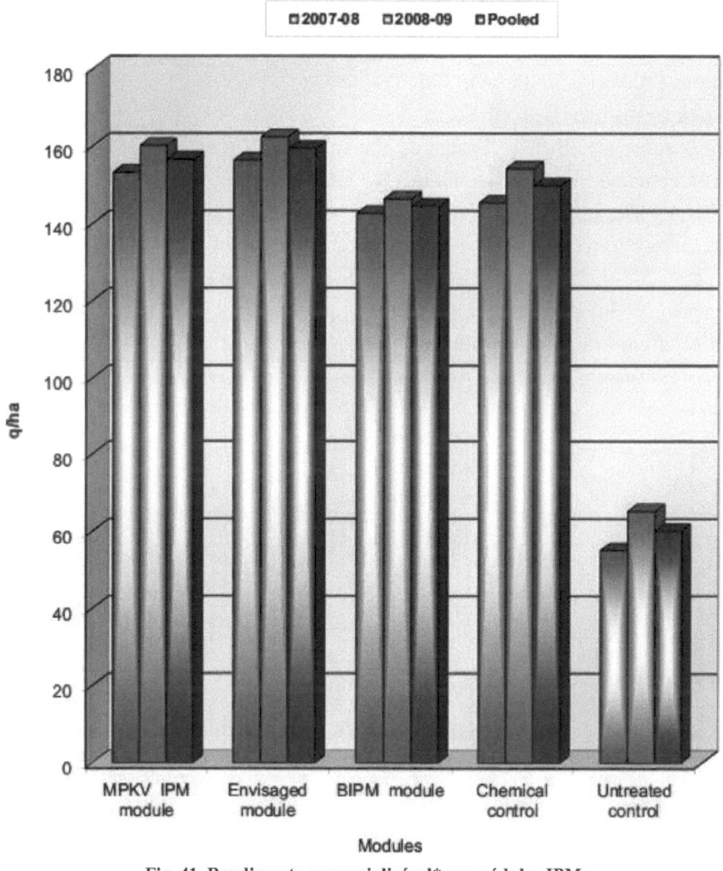

Fig. 41. Rendimento comercializável* em módulos IPM

4.7 Economia e relação custo-benefício (RBC) dos módulos de IPM

4.7.1 Economia

A economia, ou seja, o lucro líquido obtido em diferentes módulos, foi calculada deduzindo o rendimento comercializável obtido com o controlo e subtraindo o custo do tratamento e as suas taxas de aplicação do valor do rendimento comercial adicional obtido com o tratamento. A metodologia é explicada em pormenor no capítulo "Materiais e métodos". A economia e a relação custo-benefício são apresentadas no quadro 63.

A média de 2008-2009 e 2009-2010 mostrou um rendimento bruto mais elevado de 79 328 rupias/ha e um lucro líquido de 73 881 rupias/ha com o módulo previsto, seguido do módulo MPKV (77 120 rupias/ha e 71 740 rupias/ha), do controlo químico (71 680 rupias/ha e 65 979 rupias/ha) e do módulo BIPM (67 432 rupias/ha e 62 342 rupias/ha).

As presentes constatações estão de acordo com Puri *et al.* (1999), que referiram que a tecnologia biointensiva proporcionava rendimentos líquidos e colheitas mais elevados do que as práticas dos agricultores (não IPM). Resultados semelhantes foram registados por Maleeque *et al.* (1998), Naitam e Mali (2001), Kadam (2002), Anonymous (2005a) e Singh *et al.* (*2008*)

4.7.2 Rácio custo-benefício (R.B.C.)

Os estudos sobre o C.B.R. fornecem a relação entre os rendimentos económicos e as despesas efectuadas numa base unitária. O C.B.R. mais elevado foi obtido no módulo previsto (1:13.56), seguido do módulo MPKV (1:13.33) e do módulo BIPM (1:12.24). O C.B.R. mais baixo (1:11.61) foi obtido no controlo químico. Resultados semelhantes foram registados por Maleeque *et al* (1998), Naitam e Mali (2001), Kadam (2002), Anonymous (2005a) e Singh *et al* (*2008*).

Quadro 63. Economia* dos módulos IPM

Sr. Não.	Tratamento	Rendimento (q/ha)	Aumento do rendimento em relação ao controlo	Rendimento bruto (Rs./ha)	Custo do tratamento Rs./ha	Lucro líquido	Rácio custo-benefício
1	MPKV	156.56	96.40	77120	5380	71740	1: 13.33
2	Previsto	159.32	99.16	79328	5447	73881	1: 13.56
3	BIPM	144.45	84.29	67432	5090	62342	1: 12.24
4	Química	149.75	89.60	71680	5681	65979	1: 11.61
5	Não tratado	60.16	--	--	--	--	--

Not a : Preços em 2008-2009 e 2009-2010

*Média de 2008-09 e 2008-2010

1) **O preço de mercado do brinjal era de 800 rúpias por quilograma.**
2) **O custo da mão de obra foi de Rs. 70/dia/ha**
3) **Sementes de feijão-frade a 30 rúpias/kg**
4) **Sementes de milho a 18 rúpias/kg**
5) **Cartões tricolores @ Rs. 35/cartão**
6) **NSKE 5% @ Rs. 15/kg**
7) **Bt 5% WP @ Rs. 1300/kg**
8) ***Verticillium lecani* Rs. 200/kg**
9) **Armadilhas amarelas @ Rs. 100/50 armadilhas**
10) **Dimetoato 30 EC @ 250 / litro**
11) **Carbaril 50 WP @ Rs. 440/kg**
12) **Profenofos 50 EC @ Rs. 600/litro**
13) **Oxidemetão-metilo 25 CE @ Rs. 475 /litro**
14) **Trizophos 40 EC @ Rs. 660/lig**
15) **NSKE 1500 ppm @ 150/lit**

5 RESUMO E CONCLUSÕES

Foram realizadas investigações para estudar a dinâmica populacional das principais pragas de insectos da beringela e a sua correlação com os parâmetros meteorológicos, a avaliação das perdas devidas às principais pragas de insectos, o desempenho dos híbridos de beringela Bt e NBt durante a *colheita de 2007-2008* e *2008-209,* a biologia e as tabelas de fecundidade de *L. orbonalis* em condições laboratoriais durante três gerações em 2008-2009 e a validação de módulos de GIP com economia e relação CB em 20082009 e 2009-2010. Os principais resultados destes aspectos são resumidos a seguir.

Nos estudos de dinâmica populacional, a incidência de afídeos, jassídeos, tripes, moscas brancas, besouro epilachna e BSFB variou de 0,20-37,70, 5,9565,50; 0,40-12,10, 5,75-10,00; 4,10-5.00, 2.85-8.70; 0.80-35.10, 2.05-44.25; 3.20-4.60, 0.45-4.25 e 0.05-1.15, 0.05-1.25 durante 2007-2008 e 20082009, respetivamente, indicando preponderância de pulgões e moscas brancas.

Os estudos de correlação simples entre os parâmetros meteorológicos e as principais pragas de insectos da brinjal revelaram uma correlação significativa e negativa entre a precipitação, os dias de chuva, a humidade relativa da manhã e a humidade relativa da noite com os afídeos, a precipitação dos dias de chuva, a temperatura mínima e a humidade relativa da manhã com as moscas brancas e a dos dias de chuva, a temperatura mínima, a humidade relativa da manhã e da noite com a BSFB durante ambas as estações.

Na avaliação das perdas de culturas, os resultados combinados revelaram uma população de 8,40 pulgões, 1,84 jassídeos, 1,70 tripes, 8,28 moscas brancas, 0,69 besouros epilachna e infestação de frutos de 11,32 devido à BSFB em condições protegidas e 16,13, 5,32, 5,57, 17,46, 1,84 e 24,89 por cento, respetivamente, em condições não protegidas com uma perda evitável de 59,01 por cento.

Na biologia de *L. orbonalis* efectuada para três gerações, as pragas ocuparam um ciclo de vida médio de 34,45 dias, repartido por 4,80, 12,20, 2,12, 10,03 e 5,30 dias de incubação, duração larvar, pré-pupal, pupal e adulta, respetivamente. Em estudos de tabelas de vida, a capacidade inata de aumento do número ($_{rm}$) foi de 0,083, 0,143 e 0,093 fêmeas/fêmea/dia com uma média de 0,106 ($_{rm}$) em três gerações.

Nos resultados combinados dos híbridos de brinjal Bt e NBt MHB-39NBt (3,39) e MHB-39 Bt (4,17); híbrido Pusa no. 6 (2,09) e MHB-39 NBt (2,31); MHB10 Bt (4.00) e MHB 9 Bt (5.10); híbrido Pusa no. 6 (8.06) e MHBJ 99NBt (8.47); MHB 80NBt (0.65) e MHB 9Bt (0.80); MHB 80 Bt (3.85) e MHB 9 Bt (2.53); MHB 9Bt (3.13) e MHB-10Bt (2,88); MHBJ 39 Bt (470,92) e MHB 4Bt (416,31); MHBJ 99Bt (472,50) e MHB 4Bt (419,55) híbridos foram promissores contra pulgões, jassídeos, tripes, moscas brancas, besouro epilachna, danos nos frutos em número, danos nos frutos em peso, rendimento comercializável e rendimento total, respetivamente.

Na validação dos módulos IPM, os resultados combinados mostraram a superioridade do módulo previsto no registo de uma menor incidência de pulgões (9,17), jassídeos (2,74), tripes (2,74), moscas brancas (7,74), escaravelho epilachna (0,77), danos nos rebentos (6.15 por cento), danos nos frutos com base no número (10,91 por cento), danos nos frutos com base no peso (9,61 por cento) e no registo de um rendimento mais elevado de 177,65 q/ha e rendimento comercial de 159,32 q/ha com o rácio CB mais elevado, 1:13,56. Foi seguido de perto pelo módulo MPKV, que apresentou menor infestação de BSFB e maior rácio de CB. O controlo sem tratamento, o módulo BIPM e o módulo MPKV, por esta ordem, apresentaram mais população de joaninhas, aranhas e crisopas do que os outros módulos.

Em conclusões, os estudos realizados sobre a "Gestão de pragas de insectos em brinjais" revelaram a predominância de afídeos, moscas brancas e brocas de brinjais e de frutos com uma correlação significativa e negativa com os parâmetros meteorológicos. As principais pragas de insectos, ou seja, as pragas sugadoras e a BSFB, causaram uma perda de rendimento de 59,01%. *A* broca do rebento e do fruto da Brinjal, *L. orbonalis*, teve um ciclo de vida médio de 34,45 dias e exibiu um ritmo de 0,106 fêmeas/fêmeas/dia em três gerações. Todos os híbridos de NBt e brinjal não apresentaram variação significativa na incidência de pragas sugadoras. A infestação de frutos registada com base no número e no peso foi significativamente mais baixa nos híbridos de brinjal Bt, nomeadamente MHB 80 BT (3,85 por cento) e MHB9 Bt (3,13 por cento), respetivamente. O rendimento comercial mais elevado (470,92q/ha) e total (475,50 q/ha) foi registado pelo híbrido MHBJ 99 Bt. O módulo Envisaged mostrou-se muito eficaz na gestão das principais pragas de insectos e proporcionou o maior rendimento e rácio CB (1:13,56). A população de inimigos naturais como a aranha, a crisopa e o besouro joaninha foi maior no módulo BIPM.

LITERATURA CITADA

Akhtar, M. e Khwja Z.S. (1973). Eficácia quantitativa do inseticida. Jornal de Entomologia, **18**(1) : 266-257

Ali, M.H. e Singhi, P.M. (1962). Observação da ovoposição, longevidade e rácio sexual da broca do fruto do brinjal, *L. orbonalis* Guen. Madras Agriculture Journal, **49** (8) : 267-268

Allam, M.A. Rao, P.K. e Rao, B.H.K. (1982). Biologia da broca do rebento e do fruto do brinjal, *L. orbonalis* Guen. Jornal Indiano de Ciências Agrícolas, **52** (6) : 391-395

Andrewartha, H.G.e Birch, H.C (1954). The distribution and abudance of Animals. University of Chicago Press, Chicago : 782

Anónimo (1997). Progresso da XVI Reunião do Grupo de Investigação Vegetal realizada em TNAU, Coimbatore, 28th a 31st de maio de 1997. Projeto da Direção de Investigação de Vegetais, Varanasi: 97

Anónimo (1998). Destaques da investigação, 1997-1998, Acharya N.G. Ranga Agril. Universidade, Rajendra Nagar, Hyderabad : 98

Anónimo (2000). Relatório do Comité de Revisão da Investigação, Departamento de Horticultura, Mahatma Phule Krushi Vidyapeeth, Rahuri (Maharashtra), 75-76

Anónimo (2000a). Relatório Anual 1999-2000, Instituto Indiano de Investigação Vegetal, Varanasi, : 54

Anónimo (2002b). Relatório do Comité de Revisão da Investigação, Departamento de Horticultura, Mahatma Phule Krushi Vidyapeeth Rahuri (Maharashtra), 75-76

Anónimo (2003). Relatório Anual 2002-2003, Instituto Indiano de Investigação Vegetal, Varanasi, : 41

Anónimo (2003a) Relatório Anual, Projeto de Investigação Coordenado por toda a Índia sobre Culturas Hortícolas, apresentado na XXII Reunião do Grupo AICRP (VC) realizada em ANGRAU, Hydrabad, 27-30 de maio de 2004: 149-153

Anónimo (2004). Relatório Anual 2003-2004, Projeto de Investigação Coordenada de Toda a Índia

Projeto de Investigação Coordenada de Toda a Índia (culturas hortícolas), Varanasi, : 328

Anónimo (2004a). Relatório anual 2003-2004, Centro Nacional de Gestão Integrada das Pragas, Nova Deli: 61

Anónimo (2004b). Relatório anual 2003-2004 do Instituto Indiano de Investigação em Horticultura, Bangalore, Karnataka, 44

Anónimo (2005a). Relatório Anual 2004-2005, Instituto Indiano de Investigação Vegetal, Varanasi, : 51

Anónimo (2005b). Relatório Anual 2004-2005, Centro Nacional de Gestão Integrada de Pragas, Nova Deli, 33, 61.

Anónimo (2005c). Relatório anual 2004-2005, Instituto Indiano de Investigação em Horticultura, Bangalore, Karnataka, : 40

Anónimo (2006). Relatório Anual 2005-06, Instituto Indiano de Investigação Vegetal, Varanasi,- 307

Anónimo (2006a). Relatório anual, Projeto de investigação coordenado por toda a Índia sobre culturas hortícolas, apresentado na XXIV reunião do grupo AICRP (VC), realizada na Universidade de Ciências Agrícolas, Dharwad, 22-24 de abril de 2006: 307-309

Anónimo (2007). Relatório Anual 2006-07, Instituto Indiano de Investigação Vegetal, Varanasi, : 53

Atwal, A.S. (1976). Agricultural Pests of India and South East Asia. Kalyani Publishers, Ludhiana, 258

Atwal, A.S. e Bains, S.S. (1974). Applied Animal Ecology. Kalyani Publishers, Ludhiana, 128-135

Baang, L.A. e Corey, G.M. (1991). História de vida de uma broca de frutos e rebentos de plantas com ovos, *Leucinodes orbonalis* (Guen) *(Lepidoptera: Pyralidae).* MU Journal of Science, **4** (1) : 45-61

Bagade, I.B., Dandale, H.G., Thakare, S.M., Wadgule, R.Y., e Pachbhai, P.R. (2003). Avaliação no terreno de híbridos de algodão transgénico Bt contra pragas sugadoras com medidas fitossanitárias baseadas na necessidade em condições de sequeiro. Panjabrao Krushi Vidyapeeth Research Journal, **27** (2): 101-103

Bairwa, D.K., Sharma, J.K e Kumawat, K.C (2006). Eficácia de insecticidas, biopesticidas e produtos vegetais contra a mosca branca, *Bemisia tabaci*, na traça do feijão, *Vigna aconitifiolia.* Jornal Indiano de Proteção das Plantas, 34(2); 210-212

Bhavani B., Rao, V. e Rao, N.CHV (2009). Avaliação de práticas de gestão integrada para o controlo da broca do rebento e do fruto, *Leucindes orbonalis* Guene em Brinjal, Pestology,33(4) 22-25

Bhosle, U.D. (2004). Avaliação de algumas sequências de insecticidas contra o complexo de pragas do brinjal. Tese de Mestrado (Agri.) apresentada a Mahatma Phule, Krishi Vidyapeeth, Rahuri

Birch, L.C. (1948). The intrinsic rate of natural increase of an insect population, Journal of Animal Ecology, **17**(4): 15-26

Bodkhe, G.R. (2004). Bioecologia da broca do broto e do fruto do brinjal *Leucinodes orbonalis* Guen. Tese de Mestrado (Agri.) apresentada à Universidade Agrícola de Marathwada, Parbhani: 54

Chakraborti, S. (1999). An integrated approach for the management of brinjal fruit and shoot borer, Vegetable Sciences, **26**(2) : 164-166

Chakraborti, S. (2001). Programa integrado baseado no Neem para o controlo dos tripes que causam o enrolamento apical das folhas na malagueta. Pest Management and Economic Zoology, **8**: 79-84

Chaterjee, M.L. e Roy, S (2004). Bioeficácia de alguns insecticidas contra a broca do rebento e do fruto do brinjal (*Leucinodes orbonalis* Guen.) e efeito do novalurão nos inimigos naturais das pragas do brinjal, Pestology, (28)23-28

Chavan, S.G. (2007). Estimativa das perdas devidas às principais pragas do algodão. Msc. Tese apresentada à Universidade Agrícola de Marathwada, Parbhani, Índia, 64

Choudhari, B.C. 1967. Vegetables. National Book Trust New Delhi, 104

Dhamdhere, S.L. Dhamdhere, S.V. e Mathur, R. (1995). Ocorrência e sucessão de pragas de brinjal, *Solanum melongena* Linn em Gwalior (Madhya Pradesh). Indian Journal of Entomological Research, **19**(11) : 71-77

Eswara Reddy, S.G. (2005). Eficácia dos insecticidas contra a broca do rebento e do fruto do brinjal, *Leucindes orbonalis* Guen. Pestology, 24 (1) 31-33

Eswara Reddy, S.G. e Srinivasa, N. (2001). Eficácia de produtos botânicos contra a broca do brinjal e a broca do fruto, *Leucindes orbonalis* Guen. Actas do Simpósio Nacional sobre Gestão Integrada de Pragas (IPM) em culturas hortícolas: New Molecules Biopesticides and Environment, Bangalore 17-19, outubro, 11-13

Gallun, R.L. (1972). Interação genética entre a planta hospedeira e o inseto. Jornal de Qualidade Ambiental, (3) : 259-265

Gambhiri, P.C. e Kumar, A. (1998). Intensidade de infestação e preferências varietais e controlo de *Amrasca biguttula biguttula* e *Leucinodis orbonalis* Guen. em brinjal. Resumo no Seminário Nacional sobre Entomologia no Século 21, de 30 de abril a 2 de maio de 1998, realizado no RCA, Udaipur: 24

Gangwar, S.K. e Sachan, J.N.(1981). Incidência sazonal e controlo de insectos no brinjal, com especial referência à broca do rebento e do fruto, *Leucinodes orbonalis* Guen. Meghalaya Research Journal, **2**(2) : 187-192

Godse, S.K. e Patel, C.B. (2003). Effect of organic manures and fertilizer doses on incidence of brinjal shoot and fruit borer, *Leucinodes orbonalis* Guen. Pestology, (27) 9-12

Gopal, N. Srivastava, C. e Saimandir, J. (2009). Pacote IPM para a broca do rebento e do fruto do brinjal (*Leucinodes orbonalis* Guen). Actas do Simpósio Nacional sobre "Estratégias IPM para combater pragas emergentes no atual cenário de alterações climáticas", 28-30 de janeiro de 2009, Faculdade de Horticultura e Silvicultura, Universidade Agrícola Central, Pasiaghat, Arunachal Pradesh: 23-24

Gour, I.S e Pareek, B.K. (2002). Seleção de variedades de tomate contra insectos sugadores e sua correlação com parâmetros meteorológicos na região semi-árida de Rajashtan. Indian Journal of Applied Entomology, (4):27-31

Grewal, J.S. (1998). Flutuações sazonais na população de *Epilachna viginitioctopunctata* na cultura do brinjal *(Solanum melongena)*. Boletim de Entomologia, **29** (1): 73-75

Gulale, R.L. (2006). Avaliação no terreno de cultivares transgénicas de brinjal Bt para resistência à broca do rebento e do fruto, *Leucinodes orbonalis* Guen,
Tese apresentada ao Mahatma Phule Krishi Vidyapeeth, Rahuri: 49

Gupta, S. Sharma, R.K. Sinha, S.R., Gupta, R.K. e Gajbhiye, V.T. (2007). Persistência de alguns novos insecticidas em brinjal e sua eficácia contra o fungo e a broca da folha de brinjal. Pesticide Research Journal, **19** (2): 205-209

Hami, M.A. (1995). Efeito do ataque da broca no teor de vitamina C do brinjal. Jornal Paquistanês de Entomologia, **4**(4) : 223-224

Howe, R.W. (1953). A determinação rápida da taxa intrínseca de aumento da população de insectos. Annuals of Applied Biology, **40** : 134-155

Islam, M.N. Karim, M.A. Manan, M.A. and Chodhary, J.C. (2000) Integrated management of brinjal shoot and fruit borer, *Leucinodes orbonalis* (Lepidoptera:Pyralidae) based on insecticides. Bangladesh Journal of Entomology, **9**(1) : 75-85

Jat, K.L. (2003). Biology of *Leucinodes orboralis,* an important pest of brinjal in Rajasthan. Indian Journal of Entomology, **65**(4) : 513-517

Jena, B.C. Shibari, B. e Mohapatara, R. (2006). Pesticidal management practices to control brinjal shoot and fruit borer. Jornal Indiano de Entomologia, **68** (2): 193-196

Kadam, U.K. (2002). Avaliação do módulo de gestão integrada de pragas contra as pragas da brinjal. Tese de mestrado apresentada ao Mahatma Phule Krishi Vidyapeeth, Rahuri, Índia: 56-60

Kale, J.V., Wadnerkar, D.W., Zanwar, P.R. e Sangale, P.D. (2005). Bioeficácia dos novos insecticidas contra as pragas do quiabeiro. Pestologia, **29** (8) : 9-12

Kawthekar, B.R. e Puri S.N. (2003). Dinâmica populacional e influência dos parâmetros climáticos no complexo de pragas do algodão. Pestology, **24** (3):32-35.

Kengegowda, N., Patil, B. V. e Bheemanna, M. (2005). Dinâmica populacional de pragas de insectos em algodão Bt, não Bt e híbrido popular na área do projeto Tungabhadra do estado de Karnataka. Karnataka Journal of Agricultural Sciences ,**18** (2) : 383-388

Khan, F.S.(2006).Estudos sobre o impacto do algodão Bt nos bioagentes predominantes. Msc. Tese apresentada à Universidade Agrícola de Marathwada, Parbhani, Índia.64

Khorsheduzzaman, A.K.M., Ali, M.I. Mannan, M.A. e Ahmad A. (1997). Brinjal-coriander intercropping, an effective IPM component against brinjal shoot and fruit borer, *Leucinodes orbonalis* Guen. (Pyralidae : Lepidoptera). Jornal de Entomologia do Bangladesh, **12**(2): 85-91

Krishna Kumar, N.K. Venugopalan, R. Krishna Moorthy, P.N. Shivakumara, B. e Ranganath, R.(2004). Influência dos factores meteorológicos na atração de machos da broca do fruto e da planta do ovo, *Leucinodes orbonalis* Guen, pela feromona sexual sintética no Sul da Índia. Pest Management in Horticultural Ecosystem, **10**(2): 161-167

Krishna, J.M. Lal O.P. Srivastava Y.N. S. e Handa S.K. (2002). Eficácia no campo de diferentes insecticidas, *Bacillus thuringensis* var. Kurstaki, neem e diflubenzuron para o controlo da broca do rebento e do fruto, *Leucinodes orbonalis* Guen. da planta do ovo. Jornal de Investigação Entomológica, **26**(1) : 43-49

Krishna, T.M. Lal O.P. e Srivastava Y.N. (2001). Extensão das perdas causadas pela broca do rebento e do fruto, *Leucinodes orbonalis* Guen. a variedades promissoras de brinjal, *Solanum melongena* L. Journal of Entomological Research, **25**(3) : 205-212

Krishnamoorthy, P.N. Krishnakumar, N.K. e Edward Raja.M. (2001). Neem and pongamia cakes in the management of vegetable pests in proceedings of the second National Symposium on Integrated Pest Management (IPM) in Horticultural crops : New Molecules, biopesticides and environment, Bangalore, 17-19 October, 2001: 74-75

Kumar, P.A. (2006). Desenvolvimento de transgénicos. Centro Nacional de Investigação sobre Biotecnologia Vegetal. Instituto de Investigação Agrícola da Índia, Nova Deli: 4

Kumar, P.A. Mandaokar, A Sareenivasu, K. Chakraborti, S.K. Sharma, S. R. Bagaria Kaur, S. e Sharma R.P. (1998). Resistência a insectos em plantas de brinjal transgénicas. Molecular Breeding, **4** : 33-37

Lal, B.S. (1964). Pragas de vegetais. Entomology in India. Sociedade Entomológica da Índia, 187-211

Lall, B.S. e Ahmed, S.Q. (1965). The biology and control of egg plant fruit and shoot borer (*Leucinodes orbonalis* Guen. Jornal de Entomologia Económica, **58** (3) : 448-451

Lande, U.L, 1976. Bionomia e controlo químico da broca do fruto do brinjal, Guen. (*Leucinodes orbonalis*). Dissertação de Mestrado (Agri.). Tese apresentada à Universidade Agrícola de Marathwada, Parbhani: 43

Laughlin, R. (1965). Capacity for increase : a useful population statistics. Journal Animal Ecology, **34** : 77-91

Leclerg, E.L. (1971). Field experiments for assessment of crop losses , F.A.O. Manual on the evaluation and prevention of losses by pests, diseases and weeds.(Ed. Chiarappa,L.) FAO and Common wealth Agriculture Bureau of Great Britain, 1-11

Lokta, A.T. (1925). Elemento de Biologia Física. Capacidade de crescimento: uma estatística populacional útil. Jornal Ecologia Animal, **34** : 77-91

Madal S.K., Abdul, S. Sab S.B., e Gupta S.C. (2006). Previsão da incidência da broca do quiabo e da broca do fruto (*Earias vittella* Fab.) utilizando variáveis meteorológicas em Pusa, Bihar. Jornal Internacional de Ciências Agrícolas, **2**: 467-469

Mathur, A. e Jain, N. (2006). Controlo da broca do rebento e do fruto do brinjal, *Leuchinodes orbonalis* (Lepidoptera: pyralidae) no campo. Entomon, **31** (2): 141-144.

Mazumdar, B.K. (970). Estudos sobre a bionomia e o controlo de certas pragas importantes do brinjal (*Leucinodes orbonalis*), uma nova praga no Estado de Maharashtra. Tese de Mestrado (Agri.), Mahatma Phule Krishi Vidyapeeth, Rahuri

Mc Laren, J.S. 1998. O sucesso das culturas transgénicas nos EUA. Pesticide Outlook, **9**: 36-41

Mehto, D.N. Singh K.M. Singh, R.N. e Prasad, D (1983). Biologia da broca do fruto e do rebento do brinjal *Leucinodes orbonalis* Guen. Boletim de Enomologia, **24** (2) : 112-115

Meleque, M.A., Islam, M.N. Kundu, R. e Islam, M.S (1998). Utilização judiciosa de insecticidas para a gestão da broca do rebento e do fruto da brinjal. Bangladesh Journal of Entomology, **8**(1-2) : 97-107

Mohapatra L.N.(2008).Dinâmica populacional de pragas sugadoras no algodão Hirsutum e influência dos parâmetros climáticos na sua incidência em Orissa Ocidental. Jornal de Investigação do Algodão, **22**(2): 192-194

More D.G. (2003). Estudos sobre as principais pragas do quiabeiro, *Abelomoschus esculentus* L. Moench, em relação à dinâmica populacional, perdas de culturas e controlo. Tese de doutoramento apresentada à Universidade Agrícola de Marathwada, Parbhani, Índia: 146

Naitam, N.R. e A.K Mali (2001). IPM de pragas de brinjal usando mistura de insecticidas e inimigos naturais. Pest Management in Horticulture Ecosystems, **7**(2) : 137-140

Naresh, K. e Ameta, O.P. (2006). Avaliação das perdas causadas por pragas de insectos no quiabeiro. Pestologia, **31** (6) : 45 -47

Nemade, P.W, Wadnerkar, D.W. Kulkarni, C.G. Zanwar, P.R. e Dadmal, S.M. (2007). Avaliação dos efeitos do tratamento de sementes e da aplicação foliar de imidaclopride contra pragas sugadoras do quiabeiro. Pestology, **26** (11): 29-34

Nwana,I.E. (1992). A biologia e a incidência sazonal de *Leucinodes orbonalis* Guenee (Lepidoptera: pyralidae), broca do rebento e do fruto da planta do ovo, *Solanum melongena* L., no sudeste da Nigéria: Sudeste da Nigéria. Boletim de Entomologia, **33**(1): 33-41

Panse, V.G e Sukhatme, P.V.(1967). Statistical Method for Agricultural Workers, ICAR, New Delhi: 359

Pareet, J.D. (2006). Abordagens bio-racionais para a gestão da broca do rebento e do fruto do brinjal. Tese de Mestrado (Agri.) apresentada à Universidade de Ciências Agrícolas, Dharwad

Patel, G.A. e Basu, A.C. (1948). Bionómica de *Leucinodes orbonalis* Genn. (Lepidoptera) e Epilachna *spp.* (Coleoptera), as pragas importantes do brinjal *Solanum mealongera* L. em Bengala Proceedings. 2001, Bengala,117-118

Patel, H.M. e Jhala R.C. (1992). Estudos sobre a gama de hospedeiros, preferência de hospedeiros e dinâmica populacional da mosca branca, *Bemisia tabaci* (Gennadius) no Sul de Gujarat, Índia. Jornal de Investigação da Universidade Agrícola de Gujrat, **17**(2): 76-81

Patel, J.T. Patel, B.H. Bhalt, A.B. Maghodia e Rhalala, M.K. (2006). Bioeficácia do difenthuron 50 WP contra pragas sugadoras de brinjal (*Solanum melongena* L.). Jornal Indiano de Entomologia, **68** (3): 272-273

Patil U.S. (2002). Estudos sobre a tabela de vida e a gestão da broca do brinjal e da broca do fruto, *Leucinodes orbonalis* Guen. Tese de Mestrado (Agri) apresentada a Mahatma Phule Krishi Vidyapeeth Rahuri. 44

Pawar, S.P. Chavan, S.N. e Kulkarni, R.N. (2008). Dinâmica populacional e correlação climática de pragas do algodão. Pestologia, **28** (3) : 32-34

Pradhan, S (1963). Avaliação das perdas de culturas causadas por pragas de insectos e estimativa da população de insectos. Entomology in India (Ed.N.C. Pant). Sociedade Entomológica da Índia, Nova Deli: 17-58

Prasad S.G. e Logiswaran I.N. (1997). Biological control of insect pests : Southern Asian prospects. Journal of Zoology, **16**(6): 44.

Prasad, N. V. Rao, N. H. P. e Mahalakshmi M. S. (2008). Dinâmica populacional das principais pragas sugadoras que infestam o algodão e sua relação com os parâmetros climáticos. Journal of Cotton Research Development, **22** (1): 85-90.

Puranik, T.R. Hadapad, A.R. Salunke, G.N. e Pokharkar, D.S. (2002). Gestão da broca do rebento e do fruto, *Leucinodes orbonalis*, através de formulações *de Bacillus thuringiensis* em brinjal. Journal of Entomological Research, (16):229-232.

Puri S.N. Sharma, O.P. Murthy, K.S. Dhandapani e A. Kumar, P. (1999). Relatório anual 1998-1999, Validação do módulo IPM no algodão. Centro Nacional de Gestão Integrada de Pragas, 21-27

Radhika P. e Reddy, S.B.(2007). Incidência sazonal de pragas de insectos do algodão em zonas de escassez de chuvas de Andhra Pradesh. Journal of Cotton Research Development, **21** (1):98-102.

Raja J. Rajendran, B. e Pappiah, C.M. (1998). Management of egg plant shoot and fruit borer *Leucinodes orbonalis* G. In: Proceedings of Second International Symposium on Pest Management in Horticulture Crops, Bangalore, 84-93.

Rajamani K, (1968). Studies on bionomics and control of shoot and fruit borer, *Leucinodes orbonalis*, M.Sc. (Agri) Thesis submitted to Gujarat Agricultural University, Gujarat. 53.

Rao, N.H.P., Sambamurthy, I.S.V., Rao, M.P.P., Rao, K.K., Nagesh, M. e Rosaiah, B. (2002). Desempenho de híbridos de algodão Bt em Andhra Pradesh. Proc. Seminário nacional sobre "Bt cotton scenario with special reference to India", 23 de maio de 2002, Universidade de Ciências Agrícolas, Dharwad, Karnataka,: 96.

Rao, N.S. e Rao, P.A, (2008). Avaliação de certos algodões transgénicos Bt contra pragas de insectos. Jornal de Proteção das Plantas e do Ambiente, **5**(2):1-5

Ratanpara, H.C. Shekh; A.M. Patel, J.R. e Patel, N.M. (1994). Effect of weather parameters on brinjal jassid *Amrasca biguttula, biguttula* Ishida. Jornal de Investigação da Universidade de Agricultura de Gujrat, **19**(2) 3943

Rosaih, R. (2001a). Avaliação de diferentes produtos botânicos contra o complexo de pragas da brinjal. Pestologia, (25) : 14-16.

Rosaih, R. (2001b). Desempenho de diferentes botânicos contra o complexo de pragas em bhendi. Pestology. (25) 17-19.

Sah, S.S.P. Gupta, S.C. e Vazdani, S.S. (1995). Larval population of *Leucinodes orbonalis* Guen. in different brinjal cultivars Journal of Research Birsa Agril. University, **7**(1): 79-81

Sangappa, N. (1999). Manejo da broca do broto e do fruto do brinjal, *Leucinodes orbonalis* Guen. Tese de Mestrado (Agri) apresentada à Universidade de Ciências Agrícolas, Dharwad: 94

Sardana, H.R. Arora,S. Singh, D.K. e Kadu, I.N. (2004).Desenvolvimento e validação de uma proteção integrada adaptável para a beringela, *Solanum melongena* L., numa abordagem participativa dos agricultores. Jornal Indiano de Proteção das Plantas, **32**(1) 123-128

Sardana, H.R. Bambawale, O.M. Singh, D.K. e Kadu, I.N. (2006). Conservation of natural enemies through IPM in brinjal (*Solanum melongena* L.) fields. Indian Journal of Entomological Research, **65**: 35-38

Saroja, D.G.M. Prasad, Y.G. e Dixit, S. (2009). Incidência da cochonilha,

Phenacoccus solenopsis Tinsley e seus parasitóides no algodão. Actas do Simpósio Nacional sobre estratégias IPM para combater pragas emergentes no atual cenário de alterações climáticas. 28-30 de janeiro de 2009. Faculdade de Horticultura e Silvicultura, Universidade Agrícola Central, Pasighat, Arunachal Pradesh, 42

Sasikala, K. Rao, P.A. e Krishnayya, P.V. (1999). Eficácia comparativa de métodos ecológicos que envolvem o parasitoide de ovos, *Trichogramma japonicum,* controlo mecânico e produtos químicos seguros contra *Leucinodes orbonalis* Guen. que infestam a beringela. Journal of Entomological Research, **23**(4): 369-372

Satpathi, C.R., Mandal, A. e Mukhopadhay, A.K. (2006). Effect of seasonal variation on life table of fruit and shoot borer of Brinjal or *(Leucinodes orbonalis* Guen. Pyralidae : Lepidoptera*)* in West Bengal. Indian Journal of Entomology, **68**(2) : 162-165.

Saxena, N. (1965). The life history and biology of *Leucinodes orbonalis* Guen (Lepidoptera : Pyralidae). Journal of Entomological Society. Of India, **17** (1 e 2) : 64-70.

Sharma,I.D. Nargeta,D.S. e Nath,A (2008). Management of brinjal pests and persistence of B-cyfluthrin in brinjal fruits (Gestão de pragas de brinjal e persistência da B-ciflutrina nos frutos de brinjal). Pesticide Research Journal, **16**(2).29-32.

Shobharani, M (2003). Incidência sazonal e gestão da broca da batata, *Leucinodes orbonalis* Guen. M.Sc. (Agri), Tese apresentada à Universidade de Ciências Agrícolas, Dharwad, : 84.

Shulka, R.P. (1989). Flutuação populacional de *Leucinodes orbonalis* e *Amrasca biguttula biguttula* em brinjal *(Solanum melongena)* em relação a factores abióticos em Meghalaya. Indian Journal of Agriculture Sciences, **59**(4) : 260-264.

Singh Y.P. e Singh, P.P. (2003). Biologia da broca do rebento e do fruto (*Leucinodes orbonalis* Guen.) da planta do ovo (*Solanum melongena*) em colinas de atitude média-alta de Meghalaya. Indian Journal of Entomology, (65):147-154.

Singh, H.S. Krishnakumar N. K. Pandey, V.e Naik, G.(2008). Avaliação no terreno de ferramentas de proteção integrada contra a broca do rebento e do fruto do brinjal, *Leucinodes orbonalis.* Jornal Indiano de Proteção das Plantas, **36**(2) 266-271

Singh, P.K. (2003). Controlo da broca do rebento e do fruto da brinjal *Leucinodes orbonalis* com uma combinação de insecticidas e extractos de plantas. Indian Journal of Entomology, **65**(2) 155-159.

Singh, S.V. Singh, K.S. e Malik, V.P. (2000). Abundância sazonal e perdas económicas da broca do rebento e do fruto, *Leucinodes orbonalis*, em brinjal. Indian Journal of Entomology, **62** (3):247-252.

Singh, S.V. Singh, K.S. e Malik, V.P. (2000a). Economic losses in brinjal due to shoot and fruit borer. Indian Journal of Entomology, **62**(3): 247-252

Southwood, T.R.E. (1968). Ecological Methods, Methuen and Co. Ltd., Londres 361

Sreenivasa Murthy, D. Edward, M. e Shivana G. (2001). Avaliação económica da torta de neem para gerir a broca do fruto em brinjal. In: Actas do Segundo Simpósio Nacional sobre Gestão Integrada de Pragas (IPM) em culturas hortícolas. Novas moléculas, biopesticidas e ambiente, Bangalore, 17-19 de outubro de 2001: 13

Srinivasan, G. e Sundarababu, P.C. (1998). Estudos sobre a tabela de vida da broca do rebento e do fruto, *Leucinodes orbonalis*, Guen.(Lepidoptera: Pyrallidae) em brinjal, tomate e batata. Actas do Simpósio Nacional. Pest management of Horticultural Crops, Bangalore, 94-97

Sudhakar, K. Punnaiah, H.C. e Krishnayya, P.V.(1998). Influência de adubos orgânicos e inorgânicos e de certos insecticidas na incidência da broca do rebento e do fruto, *L. orbonalis* G., que infesta a beringela. Indian Journal of Entomological Research, **22** (3): 283-286.

Suradkar, A. S. (2004). Avaliação de módulos de gestão integrada de pragas contra *Leucinodes orbonalis* Guen. Dissertação de Mestrado (Agri.) apresentada a Panjabrao Deshmukh Krishi Vidyapeeth, Akola: 98

Suresh, M., Bjjaya, P., Prasad, B. e Singh, T.K., (1996). Incidência sazonal de pragas de insectos do brinjal e uma nota sobre a biologia de *Leucinodes orbonalis* em Manipur Uttar Pradesh. Journal of Zoology, **16** : 151-155

Suryawanshi, D.S., Pawar, V.M. e Borikar, P.S. (2003). Influência do ataque de pragas no crescimento e rendimento do quiabeiro em condições protegidas durante diferentes períodos de crescimento. Actas do Seminário de Nível Estadual sobre Gestão de Pragas para Agricultura Sustentável, fevereiro, 6-7 2003, Universidade Agrícola de Marathwada, Parbhani (M.S.) Índia **12**(4): 108-111

Taley, Y.M, Nighut, U.S. e Rajurkar, B.S., (1984). Bionomics of brinjal shoot and fruit borer, *Leucinodes orbonalis* Guen. Panjabrao Krushi Vidyapeeth Research Journal (Índia), **8**: 29-32

Tripathi, M.K, Senapati B e Patra, R. (1996). Incidência sazonal e população de *Leucinodes orbonalis* Guen. em Bhubaneshwar, Orissa. Gestão de Pragas e Zoologia Económica, **4** (1/2): 15-18

Udikeri, S.S., Patil, S.B., Hegde, R.N., Kulkarni, V.N. e Patil, S.S. (2002). Desempenho de genótipos de algodão Bt em condições não protegidas. Seminário nacional sobre o cenário do algodão Bt, com especial referência à Índia. Universidade de Ciências Agrícolas, Dharwad, Karnataka, 23-26 de maio de 2002, :90

Veeravel R. e Basakaran P. (1995). Sucessão de pragas de insectos do brinjal (*Solanum melongena)* em condições não pulverizadas, Bulletin of Entomology, **36** (1/2); 49-56

Venkataramireddy, P. Chitra, K.C. e Rao, P.K. (1993). Eficácia do extrato de plantas no controlo do escaravelho da folha manchada do brinjal *Henosepilachna vigintioctopunctata F.* Botanical pesticides in integrated pest management,: 225-227

Venkatesh, P. Sitaramaiah, S. Sreedhar, U. Rao, S.G. Sawant, S.K. Rao, S.N. e Tandon P.L (2004). Role of organic and inorganic manures on the incidence of insect pests and their natural enemies in Rabi groundnut In: Biological Control of Lepidopteran Pests, July 1718, 2002. Bangalore : 1-20

Watson, T.P. (1964). Influência da condição da planta hospedeira no aumento da população de *Tetranychus telarius* (Linnaeus) (Acarina : Tetranychidae). Bilgardia, **35**

: 273-322.
www.hortibizindia.org.in
Yin, R.G. (1993). Bionomia de *Leucinodes orbonalis* Guen. e seu controlo. Conhecimento Entomológico, (30), 91-92
Zanwar, P.R. e Wadnerkar, D.W. (2008). Bioeficácia e dissipação do gel de 25 por cento de quinalfos na malagueta. Pestology, **32**(8):21-24.

APÊNDICE-I

Dados meteorológicos semanais para o ano 2007-2008 em Parbhani durante o período experimental

MW	Datas	RF (mm)	Dias de chuva	Temp °C		Humidade %		EVP	BSS	W.S.
				Máximo.	Min.	AM	PM	(mm)	(Hrs.)	(kmph)
44	29-04 Nov.	16.2	1	31.2	16.2	81	48	4.3	6.7	3.6
45	05-11 Nov.	0	0	33.1	13.7	77	36	4.8	10.1	2.2
46	12-18 Nov.	0	0	31.5	9.8	78	29	4.4	10.0	2.7
47	19-25 Nov.	0	0	29.4	7.6	77	30	4.1	10.5	3.2
48	26-02 Dez.	0	0	29.6	8.6	73	32	4.1	9.1	3.2
49	03-09 Dez.	0	0	28.1	9.9	77	31	4.0	7.1	3.5
50	10-16 Dez.	0	0	29.9	12.7	68	38	4.4	8.7	2.8
51	17-23 Dez.	0	0	30.0	12.6	69	33	4.8	9.9	4.4
52	24-31 Dez.	0	0	32.8	13.9	71	31	4.7	9.9	2.2
01	01-07 Jan.	2.0	0.0	30.5	13.0	76	36	4.1	8.9	3.6
02	08-14 Jan.	0.0	0.0	30.8	10.7	77	31	3.9	9.6	2.6
03	15-21 de janeiro	0.0	0.0	31.7	10.9	74	28	4.4	10.3	2.6
04	22-28 de janeiro	0.0	0.0	28.9	9.6	71	27	3.9	9.8	3.1
05	29-04 Fev.	0.0	0.0	29.5	8.2	70	28	4.8	10.5	3.4
06	05-11 Fev	0.0	0.0	27.2	12.0	71	29	4.8	7.9	4.0
07	12-18 Fev.	0.0	0.0	31.8	15.7	670	34	5.9	9.3	5.1
08	19-25 Fev.	0.0	0.0	34.5	13.8	63	27	6.9	10.6	3.4
09	26-04 Mar.	0.0	0	34.5	12.9	60	21	6.9	10.4	3.6
10	05-11 Mar.	5.0	0	36.4	16.0	52	21	7.3	10.0	3.3
11	12-18 de março.	0.0	0	36.6	20.3	51	27	8.3	10.0	5.1
12	19-25 de março.	11.6	1	35.0	22.3	66	40	6.8	7.8	6.1
13	26-01 Abr.	0.0	0	36.1	21.4	53	28	7.4	10.0	4.7
14	02-08 Abr.	0.0	1	36.5	18.9	60	26	8.2	10.6	6.5
15	09-15 de abril.	0.0	0	38.6	21.4	46	19	8.9	10.9	3.8
16	16-22 de abril.	0.0	0	41.6	22.7	44	16	11.4	11.4	4.5
17	23-29 de abril.	0.0	0	42.5	23.3	48	16	12.2	10.6	4.9
18	30-06 de maio	0.0	0	42.4	22.7	51	19	13.1	11.4	8.2
19	07-13 de maio	0.0	0	40.8	23.4	49	13	12.6	11.2	8.0
20	14-20 de maio	0.0	0	41.6	25.0	50	17	13.1	11.8	10.3
21	21-27 de maio	0.0	0	41.2	25.6	50	24	12.6	11.8	6.4
22	28-03 de junho	0.0	0	41.1	25.3	52	22	13.1	10.7	7.0
23	04-10 de junho	41.5	2	37.1	23.7	74	52	8.0	8.6	6.4
24	11-17 de junho	43.7	1	33.2	22.4	80	49	6.5	3.5	8.0
25	18-24 de junho	11.2	1	36.0	23.7	77	38	9.6	2.2	9.9
26	25-01 de julho	31.8	2	33.2	22.2	83	54	4.3	3.8	6.4
27	02-08 de julho	2.4	0	33.9	22.6	77	54	6.6	5.4	8.5
28	09-15 de julho	10.9	2	33.3	21.8	75	48	5.1	4.6	6.3
29	16-22 de julho	41.7	2	35.4	23.4	78	49	6.5	5.3	6.6
30	23-29 de julho	88.4	4	29.6	21.4	92	74	3.7	1.7	5.1
31	30-05 de agosto	14.0	2	29.9	21.2	86	68	4.6	2.0	6.7
32	06-12 de agosto	20.4	3	27.6	20.9	94	77	2.6	0.4	7.6
33	13-19 de agosto	21.6	3	31.2	21.3	85	61	3.7	5.6	5.0
34	20-26 de agosto	23.0	1	31.9	20.1	80	55	6.1	7.0	4.5
35	27-02 Set	6.2	2	31.1	21.1	83	62	4.4	5.5	2.8
36	03-09 Set	55.0	6	31.5	20.9	92	67	3.6	6.6	3.6
37	10-16 de setembro	74.8	5	29.2	19.8	97	78	2.7	2.4	3.5
38	17-23 de setembro	85.8	2	30.6	19.3	86	69	4.1	4.8	4.5
39	24-30 de setembro	0.0	0	31.7	17.3	79	47	5.6	9.2	3.7

Dados meteorológicos semanais para o ano 2008-2009 em Parbhani durante o período experimental

MW	Datas	RF (mm)	Dias de chuva	Temp °C		Humidade %		EVP	BSS	W.S.
				Máximo.	Min.	AM	PM	(mm)	(Hrs.)	(kmph)
44	29-04 Nov.	0.0	0	33.5	11.0	73	28	5.2	10.7	2.7
45	05-11 Nov.	0.0	0	32.4	11.4	71	29	5.0	10.1	2.4
46	12-18 Nov.	0.0	0	31.0	15.1	70	38	5.8	7.1	4.5
47	19-25 Nov.	17.6	1	31.9	14.4	71	43	5.1	9.7	3.0
48	26-02 Dez.	8.8	1	29.6	14.2	78	45	4.5	6.6	5.0
49	03-09 Dez.	0.0	0	31.6	10.9	74	29	4.5	10.0	2.9
50	10-16 Dez.	0.0	0	30.8	13.5	74	36	4.5	7.1	2.2
51	17-23 Dez.	0.0	0	30.5	9.0	76	30	4.3	9.4	2.9
52	24-31 Dez.	0.0	0	26.9	5.8	66	20	3.6	9.1	1.6
01	01-07 Jan.	0.0	0.0	30.4	10.7	76	31	4.0	9.6	2.2
02	08-14 Jan.	0.0	0.0	30.7	13.3	76	37	4.5	9.2	3.6
03	15-21 de janeiro	0.0	0.0	30.6	10.3	78	29	5.3	10.1	3.5
04	22-28 de janeiro	0.0	0.0	33.8	10.4	76	21	5.4	10.7	2.5
05	29-04 Fev.	0.0	0.0	34.9	12.9	66	19	5.6	10.2	2.7
06	05-11 Fev	0.0	0.0	34.5	13.2	63	21	5.8	10.3	2.7
07	12-18 Fev.	0.0	0.0	33.4	13.3	58	25	5.9	9.7	2.3
08	19-25 Fev.	0.0	0.0	35.7	15.4	53	22	6.3	9.8	3.2
09	26-04 Mar.	0.0	0.0	38.0	14.1	53	15	8.3	10.7	3.0
10	05-11 Mar.	0.0	0.0	38.5	15.6	49	21	8.9	10.5	3.2
11	12-18 de março.	0.0	0.0	35.7	16.1	55	25	7.9	8.6	4.0
12	19-25 de março.	3.4	1.0	37.7	17.0	54	22	8.6	10.3	4.0
13	26-01 Abr.	0.0	0.0	38.8	17.1	50	15	9.3	10.8	3.3
14	02-08 Abr.	0.8	0.0	40.8	19.3	46	12	11.4	9.9	4.7
15	09-15 de abril.	1.6	0.0	39.9	18.4	38	12	10.2	11.6	3.8
16	16-22 de abril.	0.0	0.0	42.4	21.3	33	11	13.7	10.0	6.0
17	23-29 de abril.	0.0	0.0	42.6	19.3	37	11	13.6	10.7	4.7
18	30-06 de maio	0.0	0.0	44.0	21.1	35	12	14.0	10.5	6.1
19	07-13 de maio	0.0	0.0	43.0	21.9	37	11	15.3	10.8	7.7
20	14-20 de maio	14.5	2.0	41.9	22.7	62	27	11.4	7.7	7.4
21	21-27 de maio	2.1	0.0	40.3	24.0	66	25	11.9	9.3	8.5
22	28-03 de junho	7.4	1.0	41.3	24.6	68	23	12.4	10.5	8.9
23	04-10 de junho	4.0	1.0	39.1	24.8	64	28	11.1	10.1	10.4
24	11-17 de junho	0.0	0.0	41.0	25.6	60	26	12.1	11.1	9.2
25	18-24 de junho	28.3	1.0	38.8	22.4	73	38	8.8	8.8	7.3
26	25-01 de julho	12.5	1.0	35.6	23.1	76	51	7.2	5.7	6.6
27	02-08 de julho	24.0	1.0	34.6	23.2	74	51	6.4	4.8	7.0
28	09-15 de julho	34.8	4.0	32.2	22.8	88	60	4.0	2.4	6.5
29	16-22 de julho	18.2	2.0	31.7	22.6	85	60	4.9	3.7	8.2
30	23-29 de julho	0.0	0.0	32.6	22.5	77	48	5.6	6.1	8.7
31	30-05 de agosto	0.0	0.0	34.0	20.7	73	43	5.8	5.6	6.6
32	06-12 de agosto	20.4	1.0	33.3	22.0	77	48	5.8	4.9	6.5
33	13-19 de agosto	10.6	3.0	32.3	21.4	85	52	3.5	3.3	6.0
34	20-26 de agosto	207.7	6.0	29.0	20.7	95	88	2.9	2.4	4.4
35	27-02 Set	64.6	2.0	30.7	21.1	89	75	3.3	4.1	5.6
36	03-09 Set	21.8	3.0	29.8	21.3	89	69	3.1	3.2	6.6
37	10-16 de setembro	0.0	0.0	33.5	21.9	79	52	5.6	7.2	3.7
38	17-23 de setembro	0.0	0.0	34.4	21.0	73	41	6.5	8.7	3.5
39	24-30 de setembro	38.6	2.0	35.3	22.0	80	52	6.3	8.3	5.5

More Books!

yes

I want morebooks!

Buy your books fast and straightforward online - at one of world's fastest growing online book stores! Environmentally sound due to Print-on-Demand technologies.

Buy your books online at
www.morebooks.shop

Compre os seus livros mais rápido e diretamente na internet, em uma das livrarias on-line com o maior crescimento no mundo! Produção que protege o meio ambiente através das tecnologias de impressão sob demanda.

Compre os seus livros on-line em
www.morebooks.shop

info@omniscriptum.com
www.omniscriptum.com

OMNIScriptum

MIX
Papier aus verantwortungsvollen Quellen
Paper from responsible sources
FSC® C105338

Printed by Books on Demand GmbH, Norderstedt / Germany